良知塾·精品教材

高手之路

Lightroom 系统教程

李 涛 主编

良知塾图书工作室 编著

人民邮电出版社
北京

图书在版编目（CIP）数据

　　高手之路. Lightroom系统教程 / 李涛主编 ; 良知
塾图书工作室编著. -- 北京 : 人民邮电出版社,
2021.8
　　ISBN 978-7-115-54962-4

　　Ⅰ. ①高… Ⅱ. ①李… ②良… Ⅲ. ①图像处理软件
Ⅳ. ①TP391.413

　　中国版本图书馆CIP数据核字(2020)第187798号

内 容 提 要

　　Lightroom 具备图像管理和数码后期处理的功能，可以帮助摄影师提高工作效率；而
Lightroom 的数码后期处理功能则可以帮助摄影师处理前期拍摄无法解决的问题，让照片得到
美化。

　　本书介绍的照片管理与后期调整技法，是笔者根据多年的 Lightroom 学习和工作经验总
结而成的。本书带领读者去体会后期处理时每一步调整的目的以及它能带来的图像效果，从
而让读者通过这种亲身的学习与实践，掌握 Lightroom 这款软件的全方位应用技巧。

　　本书所有的素材都具有很强的针对性，特别适合读者学习和实践使用。另外，笔者也会
结合前期拍摄的思路，告诉读者怎样理解后期修图在整个创作过程中的意义。对于读者而言，
这些经验和思考都具有很高的参考价值。

　　本书适合摄影师、后期修图师和摄影爱好者阅读。

　◆　主　　编　李　涛
　　　编　　著　良知塾图书工作室
　　　责任编辑　胡　岩
　　　责任印制　陈　犇
　◆　人民邮电出版社出版发行　　北京市丰台区成寿寺路 11 号
　　　邮编　100164　　电子邮件　315@ptpress.com.cn
　　　网址　https://www.ptpress.com.cn
　　　北京九天鸿程印刷有限责任公司印刷
　◆　开本：690×970　1/16
　　　印张：14.25　　　　　　　　2021 年 8 月第 1 版
　　　字数：420 千字　　　　　　 2025 年 7 月北京第 15 次印刷
　　　　　　　　　　定价：99.00 元
　读者服务热线：(010)81055296　印装质量热线：(010)81055316
　　　　　　　反盗版热线：(010)81055315

Preface 前言

适用版本

本书内容讲解所使用的软件为 Adobe Lightroom Classic，并适当向下兼容，即便是使用 Adobe Lightroom CC 2015 等版本的读者也能够顺利进行学习。这样，读者就不会因为软件版本不同而无法学习。当然，需要单独说明一下，使用 Adobe Lightroom Classic 这个软件版本的读者的学习体验会更加流畅。

内容全面，拓展性强

相对于 Photoshop 软件来说，Lightroom 软件的功能要简单很多，它主要是帮助摄影用户进行照片的数据库化管理，以及数码照片的后期处理。至于照片后续的拓展操作，如排版、制作相册等功能，因为这些属于平面设计的范畴，所以本书没有深入讲解。从照片后期处理功能来讲，Lightroom 与 Camera Raw 基本相同，仅有部分功能的名称有所差别，所以本书也适合想使用 Camera Raw 进行照片处理的用户学习。

因为 Lightroom 的图库管理功能是基于数据库的，所以与 Adobe 公司另外一款图库管理软件 Bridge 及其他第三方图库管理软件相比，Lightroom 的图库管理功能更加强大，这也是 Lightroom 的一大特色。在管理图库之前，用户需要将文件夹、照片等信息导入软件目录（实际上一个目录就是一个数据库），之后用户便可以脱离计算机的原始照片在软件中对照片进行管理等操作，并可以将管理的、经后期处理的数据信息存储到数据库中，这为照片的在线编辑、传输等奠定了基础。在商业人像等摄影领域，Lightroom 是最方便的后期修图软件之一。

理论联系实操

本书注重理论与实际的结合，将众多的知识点融入案例当中。在阅读时，读者可以边学原理边进行案例操作，这样可以降低学习的难度，提高学习的乐趣，确保快速精通 Lightroom，并做到学以致用。

附赠素材

为了方便读者学习和练习，本书附赠书中案例所涉及的所有素材照片。在学习过程当中，读者可以下载照片进行练习，提高学习效率。

多媒体教学，最佳学习体验

本书读者可以在良知塾官方网站学习《Lightroom 系统教程》收费视频，605 分钟的视频针对 Lightroom 软件功能分析与后期修片所录制的多媒体视频，与书中相应章节内容精确对应，全方位的视听学习可为读者带来绝佳的学习体验。

Contents 目 录

资源下载说明

　　本书附赠后期处理案例的相关文件，扫描"资源下载"二维码，关注我们的微信公众号，即可获得下载方式。资源下载过程中如有疑问，可通过在线客服或客服电话与我们联系。

客服邮箱：songyuanyuan@ptpress.com.cn

客服电话：010—81055293

扫一扫 学摄影

扫描二维码
下载本书配套资源

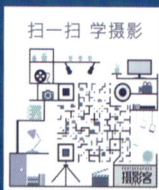

第 1 章

Lightroom 素材管理与文件导出

Lightroom 具有强大的修图功能，除此之外，这款软件还有强大的商业属性，职业摄影师可以以多种形式将图库照片批量导入，进行素材管理和后期精修，以满足不同场景下的照片传输和修图需求。本章将介绍图库或照片素材的导入、管理、修改和导出设置。

1.1 导入与查看素材

本节将介绍在 Lightroom 中正确地导入素材及查看素材基本信息的方法。

本节知识点

◆ 素材导入的方法。

◆ 查看素材的信息。

◆ 预览素材的方法。

导入素材

Lightroom 作为日常处理照片最常用的一个软件，它的操作逻辑是首先要把照片（即要处理的素材），导入 Lightroom 中，然后才能对素材进行修改。接下来来看具体的、简单的操作方法。

完成导入操作最简单的方法就是直接把 Lightroom 打开，将文件夹拖入 Lightroom 中，这样就会弹出导入的对话框。

界面左上角显示的是要导入的文件所在的位置，首先这一部分显示的是原目的地，如果文件在我们的电脑中，它显示的就是我们电脑中的路径；如果文件在外接的 U 盘或者相机的存储卡里，它显示的也就是对应的路径。我们要做的是把素材从原目的地导入到目标目的地。

界面的中间位置有几个选项，分别是"拷贝为 DNG""拷贝""移动""添加"。"拷贝为 DNG"就是把所有的素材从原始 ARW 格式"拷贝"为 DNG 格式，然后再导入。如果选择"拷贝"，就会从原目的地里把所有的素材拷贝到新的目的地里。移动操作就是把照片移动到新位置。如果已经把照片或者素材复制到电脑的特定位置，也就是要使用的、最终的位置，则可以使用添加功能。添加功能就是单纯地把目录里面的所有素材添加到 Lightroom 中，相当于这个软件的管理系统。

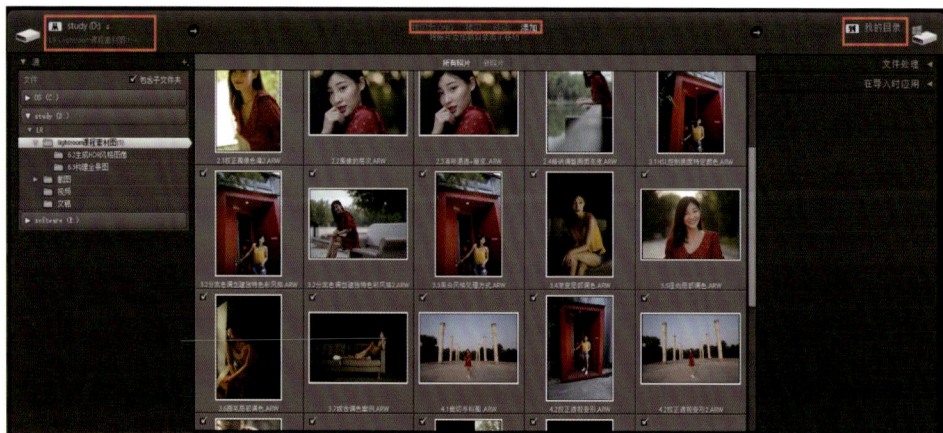

界面中还有一些其他的功能，例如与文件处理和导入应用相关的功能。简单地说，"构建智能预览"选

项是指构建的预览功能，也就是在 Lightroom 中显示预览的功能。另外"不导入可能重复的照片"是比较常用的一个选项。因为有时候会出现两个完全一样的文件，并使用同样的名字，但是处于不同的位置，如果不勾选这个选项，在导入的时候就可能会产生导入重复照片的情况。一般来说，为了方便文件管理最好勾选它。在"不导入可能重复的照片"选项下面的"在导入时应用"面板当中，"修改照片设置"可以简单理解为 Lightroom 的一些预置。之后会讲到，当我们把 Lightroom 中一些常用的修改存储为预设后，可以在导入的时候直接应用，而且其中有一些 Lightroom 本身默认存储的预设。如果有默认预设的话，在导入的时候就可以为所有的照片直接应用这些已经存储好的预设，这样批量处理的话在某些情况下会比较方便。

除了前面介绍的方法以外，还有一种比较常用的导入素材的方法。在 Lightroom 中可以先直接单击"文件"，然后单击"导入照片和视频"，同样可以进入上图所示的对话框。

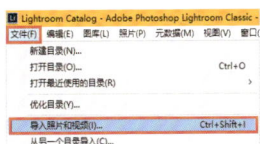

接着只要在"源"中找到对应的、需要导入的文件夹，同样会弹出"导入"的选项。此时再单击"导入"就可以了。这一步跟上一步都完成了相同的操作，但是在这里会出现灰选是因为这个目录已经被导入了。现在可以看到路径下的所有素材都已经被导入 Lightroom 之中了。我们可以滑动下方的滑动条查看所有的素材，也可以滑动中间的滑动条查看。

在图库中查看素材

"图库"是 Lightroom 导入素材之后默认显示的一个模块，用户可以在这里面进行素材的浏览和管理。旁边的模块是"修改照片"。在之后的讲解中会讲到修改照片时要进行的操作。

首先回到"图库"模块，可以看到打开之后默认采用网格的方式显示照片。如果需要单张浏览，可以单击网格下方的"放大视图"按钮，快捷键是<E>。查看单张照片的时候旁边会有导航器，显示了"适合""填满""1:1""3:1"这4个选项。如果需要查看不同的细节，将鼠标指针放到导航窗口中单击即可，也可以点住后拖动改变观察位置。如果想用特定的比例，也可以自行操作，如将显示比例改成8:1来放大查看一些局部的细节，也可以回到原始比例来看照片整体的感觉。

在拍摄的过程中经常会出现的一种情况，就是需要从相似的两张照片中选一张，这个时候就可以用"对比视图"或者叫"比较视图"的选项。先选择两张照片，然后单击这个选项，两张照片就会同时在预览框中出现。可以看到一张照片上显示"选择"字样，另一张照片上显示"候选"字样。单击其他照片，显示"选择"字样的照片会更改，这样就可以快速地通过对比选出一张自己觉得最理想的照片。

在拍摄后期，经常还会出现这样一种情况：连续拍出来10张照片，需要从其中选出1张相对来说最理想的照片。这种情况下单用"比较视图"选项可能不够，所以这个时候就得选择"筛选视图"选项。单击"筛选视图"选项后就可以看到，所选择的10张照片同时出现在预览框中。其背景颜色是可以调整的，可以根据实际需要选择白色或黑色等。选择哪种背景颜色一是看个人习惯，二是看照片本身的情况。

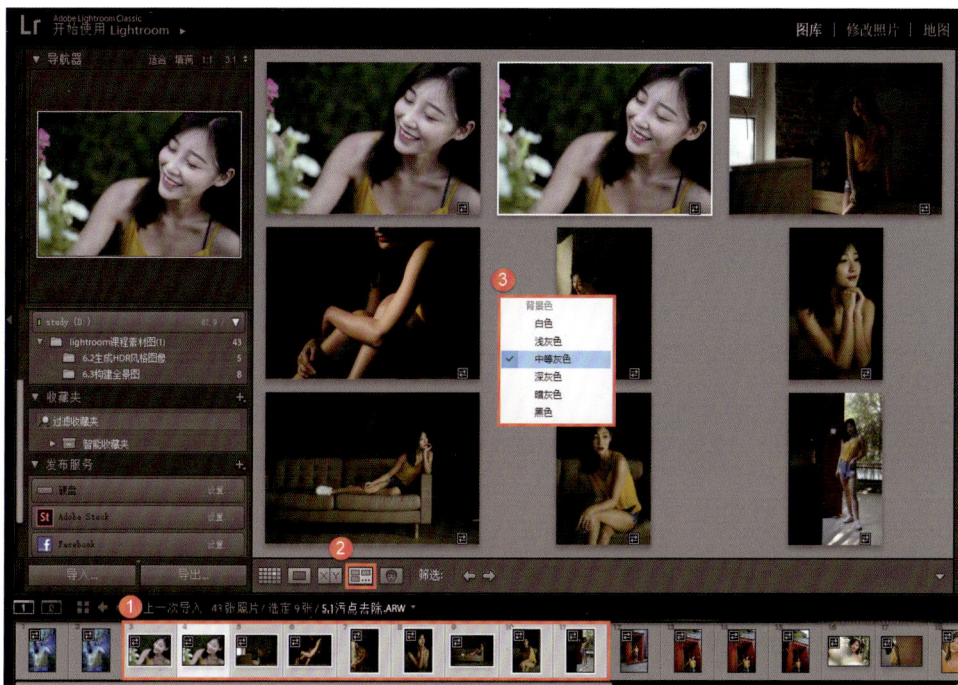

接下来可以看到，有两张照片非常相似，那就在其中一张的下方单击"×"号，将该照片删除。最后可以对保留的比较理想的照片进行特定标记，有关于标记的方法，会在后续内容当中详细介绍。

最后回到单张的预览视图。如果此时需要查看照片的具体拍摄信息，可以直接在界面右边查看它的直方图，以及一些已有的曝光参数。用户也可以按 <I> 键，照片上就会显示它的文件名、拍摄的信息以及一些原始的曝光参数。

1.2 素材管理

本节将介绍用 Lightroom 处理大批量素材时，如何对大批量素材进行分类、管理，以及对重点素材进行标注。Lightroom 提供了非常多的关于素材管理标记的工具，本节将会对此进行讲解。

本节知识点

◆ 素材分组的方法。
◆ 添加颜色标签。
◆ 指定素材星级。
◆ 素材过滤与筛选。

本节使用的素材与 1.1 节相同。照片拍摄于不同的场景，大概有 400 多张。在日常生活中经常会出现以下 3 种情况：第一就是照片拍废了，如照片的色温不准，那就需要直接把它排除；第二就是将几张照片进行对比，选出一张拍得比较好的进行重点标记；第三就是照片不是在同一场景中拍摄的，如部分拍摄于室外，部分拍摄于室内，那应该按照场景来标记照片，并在同一个场景当中，将每张照片进行对比，将同一场景中拍的照片按优先级标记。这些都是用 Lightroom 可以实现的操作，接下来将对其一一进行讲解。

旗标、色标与星标

首先是出现废片的情况，需要直接把废片排除。最简单的方法就是在照片上右击，此时会出现几个标记方法。其中一个是"设置旗标"，子选项为"留用""无旗标"（默认）、"排除"。如果将照片状态设置为"排除"，可以看到这张照片会变灰。当然也可以直接按 <R> 键进行排除。在图库中回到网格视图，也可以看到刚才标记的照片是灰选的，而其他的照片都是正常显示的，这样就可以提醒用户哪些照片是不需要的。

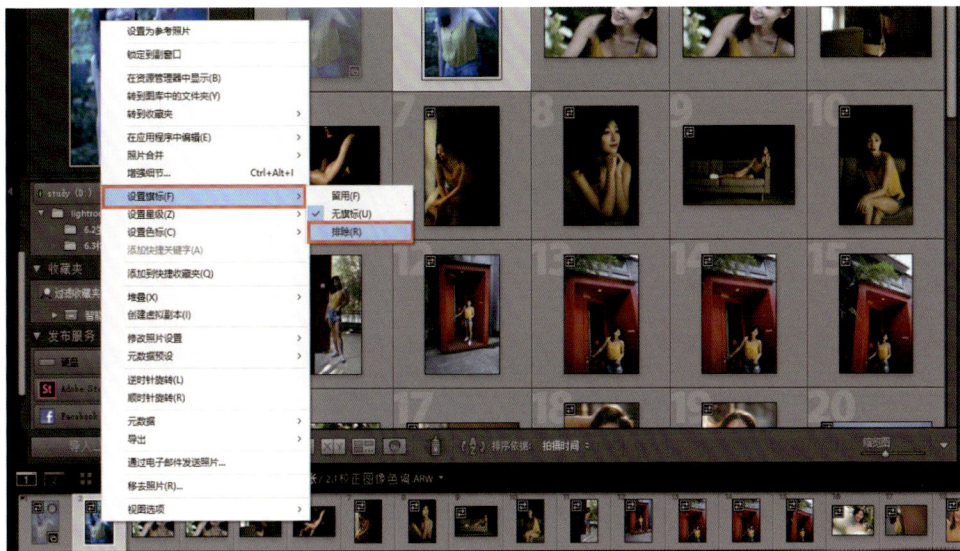

其次要学习的操作是把所有的照片按照场景来进行分类。先单击第一张照片，按 <Shift> 键，再单击该分类的最后一张照片，这样所有在首尾照片之间的照片都已经被选择了。选择了这些照片之后，右击，可以选择"设置色标"选项。如可以把这些照片标记为红色，此时在网格视图下所有选择的照片都被标记成了红色。还可以将在楼梯间这个场景中拍摄的照片都选中，标记成黄色，那么在网格视图中这些照片都会变成黄色。

接下来可以根据拍摄场景将照片标记为不同的颜色，这样就可以对素材进行进一步的区分。之所以要在Lightroom 中进行类似打颜色标签这样的操作，是因为无论是为了管理自己的素材，还是为了满足客户提出的要求，摄影师都会针对不同的拍摄场景进行照片管理。如果需要从每个场景中选出 2~3 张最理想的照片，那么首先就要根据不同的拍摄场景来分类照片，而用颜色标记照片就成了一种非常快速且实用的操作方式。回到软件界面，首先可以看到照片上面有"图库过滤器"选项，因为已经把不同的场景拍摄的照片按照不同的颜色进行了分类，所以也可以进行过滤。然后选择"属性"，这里面有不同的颜色标记，如选择红色，那么标签为"红色"的照片会被留下，也就是只有一个场景中拍摄的照片会被留下。其他的照片并没有被删除，只是在此界面中不会显示，这样可以让用户的注意力更多地集中在需要处理的这些照片上。

如果需要在同一个场景中选出 2 张最理想的照片，则选择照片并右击，在快捷菜单中选择"设置星级"选项，其中星级一共有 5 级。用户根据个人的喜好为照片添加星级，如最理想的照片就打 5 星，相对差一点的可以打 4 星。

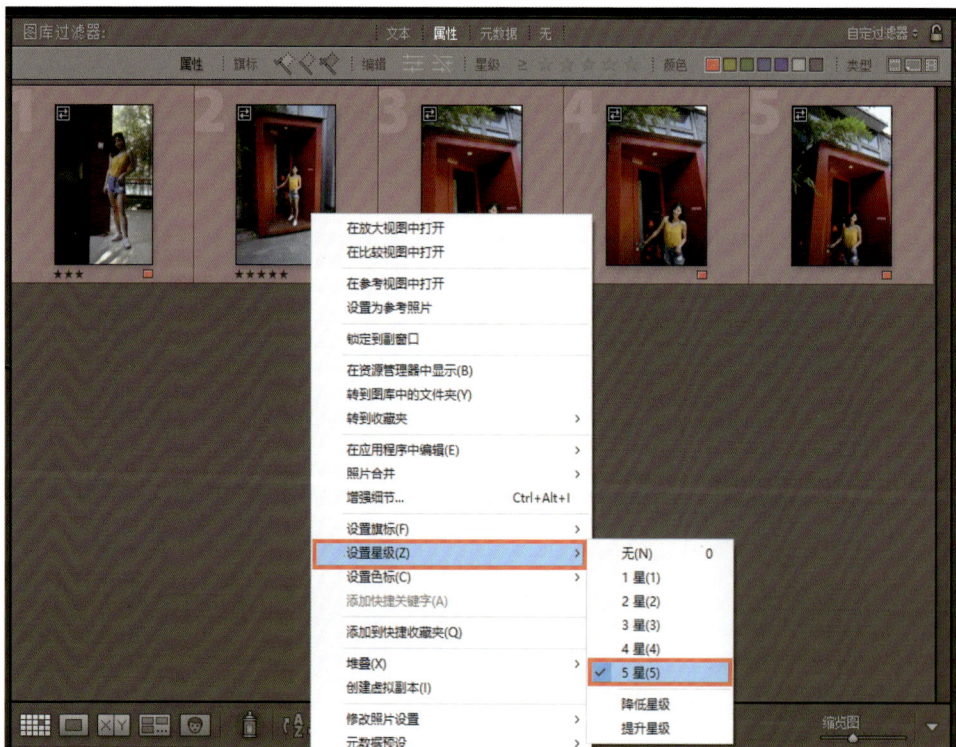

快捷键就是 <1>、<2>、<3>、<4>、<5> 这几个数字。用户可以用快捷键来执行这些操作，这样效率会更高一些。结合 1.1 节的内容，利用快捷键切换视图，并用数字键进行标记就会很方便。

筛选照片

现在已经学习了为同一拍摄场景拍摄的照片设置同种颜色，对照片进行初步分类，并为照片设置星级。接下来回到网格视图下的"图库过滤器"选项，让所有的照片都显示出来，然后在过滤器的"星级"中选择想看的星级的照片，如单击 5 星，那么所有标记 5 星的照片就会显示，其他的照片将被隐藏。在星标左侧，有"星级大于等于""星级小于等于"和"星级等于" 3 个选项，在此可以根据实际需求进行设定，例如如果选择星级大于等于 4 星，那么 4 星和 5 星的照片就都会显示出来。

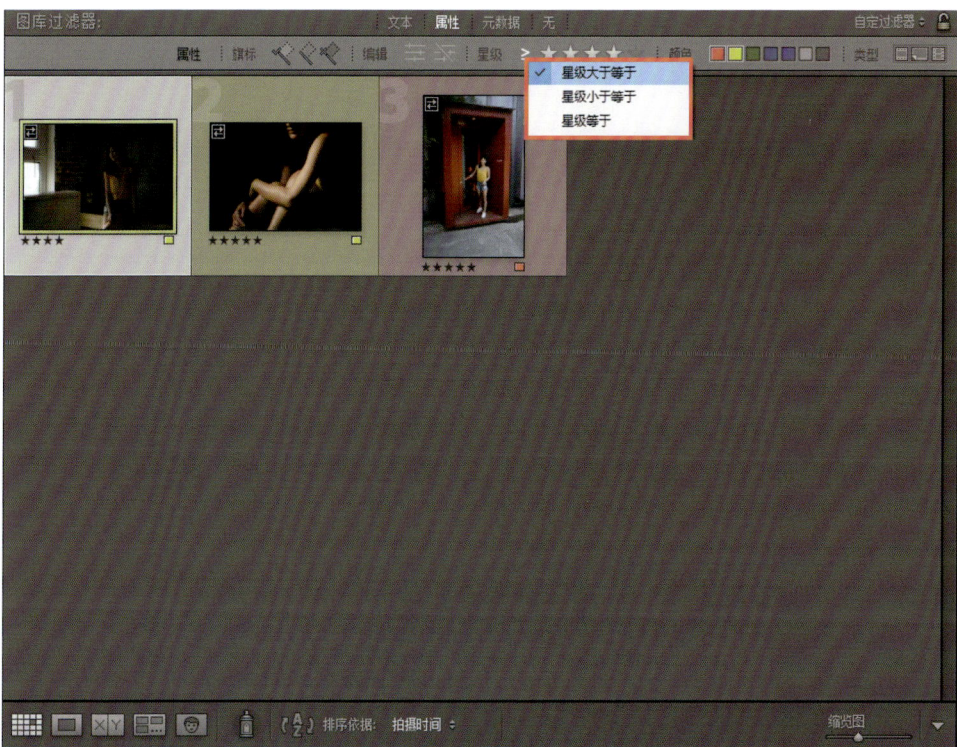

结合 1.1 节的内容，为了进一步筛选同一拍摄场景的照片，进入"筛选视图"。摄影师可以根据客户需求，对照片进行进一步挑选，未选中的可以将其星级降低，那么当再次选择 4 星以上的照片时就只会显示最终选择的照片。此时可以全选要处理的照片，也可以使用组合键 <Ctrl+A>（苹果系统为 <Command+A>），右击，从快捷菜单中选择"添加到快捷收藏夹"选项。之后可以在左侧看到电脑的文件夹目录，也就是照片所在的目录，以及 Lightroom 的目录。

点开 Lightroom 的目录，就可以看到快捷收藏夹，进入快捷收藏夹后就会看到刚才添加的照片。当我们只想看这些重点的照片时，可以从快捷收藏夹中直接导入它们，而不用在本来的文件夹中再次筛选。

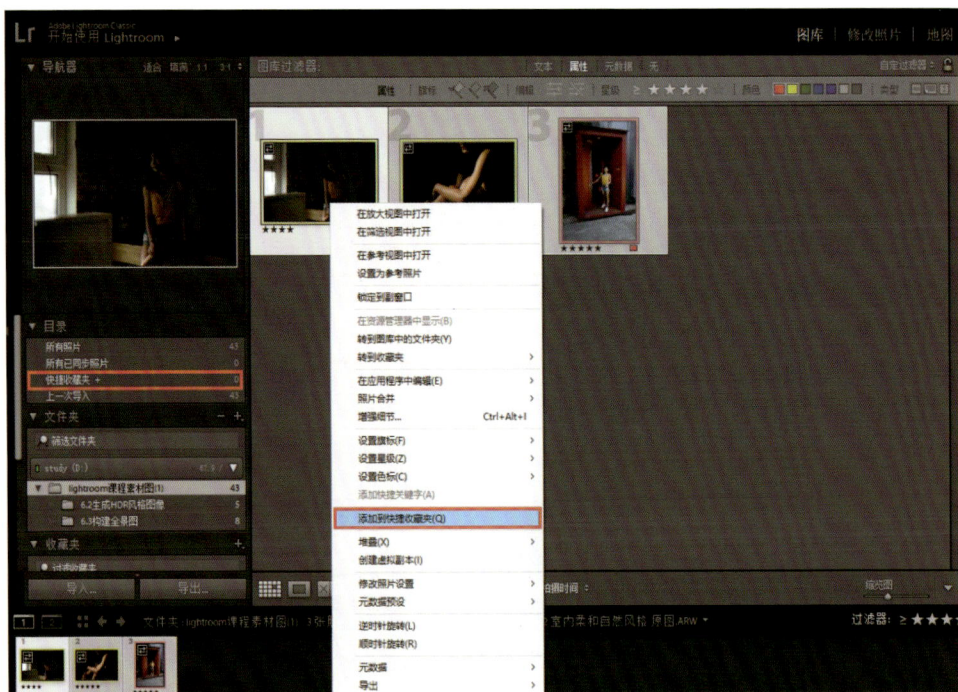

本节主要介绍了在 Lightroom 中进行大量素材管理，以及重点素材筛选和标记的基本方法和流程。

1.3 基本修片流程

本节将通过一个简单的案例来介绍在 Lightroom 中修改照片的基本模块的方法，以及简单的修片流程。

本节知识点

◆ 修改照片界面。

◆ 一般调色流程。

在 Lightroom 的图库界面上选择"修改照片"，选取一张照片作为调色的对象。首先要强调一点，作为一名摄影师，千万不要以为后期是万能的，不要以为所有的问题都可以放在后期解决，而在拍摄时就随便拍，这种思维是非常危险的。无论是作为一名摄影师，还是作为一名修图师，一定要把前期的技术以及后期的技术相结合，这样才能创造出一张真正完美的作品。

要修改的照片右侧的界面叫"基本"面板。这里面的工具主要用来对照片做整体的调整，如曝光、白平衡等。下图所示的照片存在的非常明显的一个问题就是曝光不足。

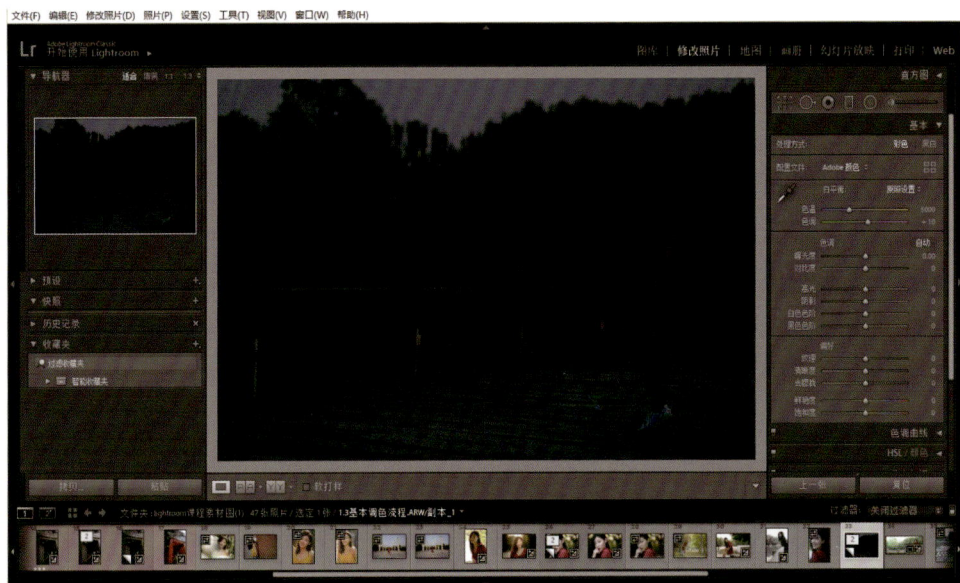

在"基本"面板中，调整曝光与白平衡等参数，初步优化画面，主要包括提高曝光度、增加高光值、增加阴影值、提高白色色阶值、降低黑色色阶值，以及适当提高色温值等。

前面的一些基本操作主要是为了调整照片的色阶，让它的曝光恢复正常，白平衡也恢复正常。

"HSL/颜色"这个滑块通过对局部颜色的处理来给照片添加一些不一样的效果。如这里面有"色相""饱和度"和"明亮度"，不同颜色的效果都可以分开来处理。

当一张照片的颜色处理进行到这个阶段的时候，可以调整"分离色调"来为它赋予一些不一样的情绪，包括赋予高光和阴影一定的颜色。如高光可以偏冷一点，也可以偏暖一点，阴影也一样，但首先应该增加"饱和度"，否则看不出来效果。

下一步就是处理噪点。因为示例照片从整体上看欠曝提亮，所以噪点会比较多、比较明显，需进行一定的消噪处理。具体操作是在"细节"面板中适当提高明亮度的值，然后打开"镜头校正"面板，在其中勾选"删除色差"和"启用配置文件校正"，完成设置后 Lightroom 会对拍摄的镜头原始数据进行校正。

接着在"变换"—"Upright"中选择"自动"，对照片进行水平和垂直方向的校准，当然这一步也可以手动调节，后续会更加详细地进行介绍。另外还可以根据需要对照片的暗角、颗粒等进行调节。

除了上述操作以外，还可以对照片进行一些局部的调整。例如单击"径向"工具，再在照片上拉一下，当然，要注意适当提高曝光值，可以看到从天空到主体有径向渐变的感觉。

如希望地面稍微暗一点，就可以对"线性"进行设置。选择"画笔"也可以对局部进行设置。

　　最后如果觉得这张照片的构图有必要修改，可以选择"裁剪叠加"工具。单击"长宽比"一栏右边的锁形按钮可以将其打开，这样裁剪的比例就不受限了。

　　Lightroom还有一些其他功能，如"修复"工具，如果觉得照片中某个东西有点多余，可以把它画出来，并通过"修复"工具进行自动修复。

　　这个案例是为了简单地介绍Lightroom修改照片时会用到的工具，从开始到下面的色调曲线、HSL/颜色、分离色调、细节、镜头校正、变换、效果、校准等一系列调整，具体的每一个功能都会在后面的每一小节进行详细的演示。进行到这一步时，可以单击"切换修改前和修改后的视图"，对比查看修改前后效果，并通过按<Y>键来恢复。另外也可以更改对比的方式，如本案例就更适合用"上/下"对比的方式查看修改前后的照片。

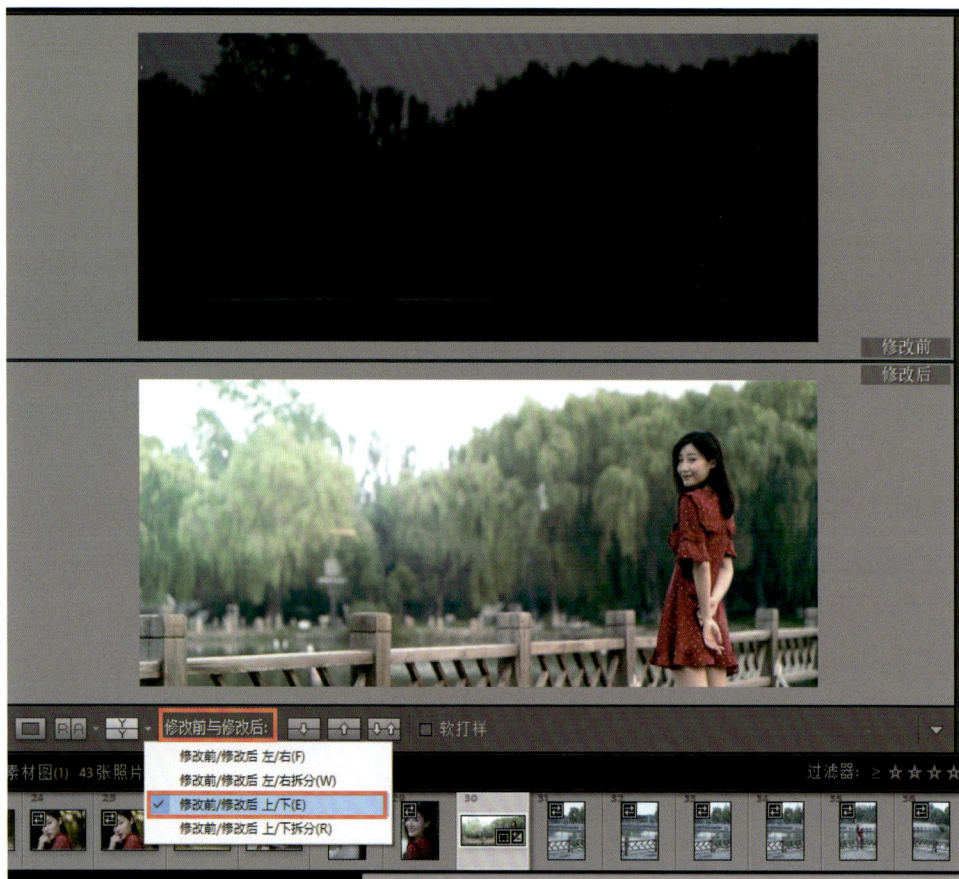

1.4 导出文件

本节介绍的是在 Lightroom 中完成照片的整体修改处理后，在导出时的一系列设置。

本节知识点

◆ Lightroom 中导出照片的设置与操作。

要把修好的照片导出有几种方式。第一种就是直接在文件上右击，可以看到"导出"选项。

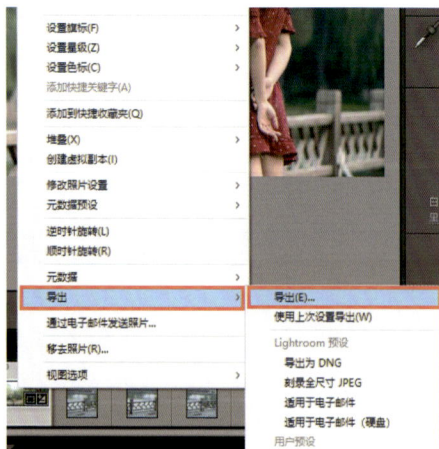

另外也可以单击"文件"中的"导出"选项。在"导出一个文件"对话框中有几个重要的设置。设置"导出到"时，一般来说会选择导出到硬盘，也就是导出到电脑中。导出到电脑中就要指定文件夹，可以选择导出到指定的文件夹，也可以导出到原始照片所在的文件夹、桌面上的常用的文件夹等。"重命名为"就是选择是否为导出后的文件设置新文件名。

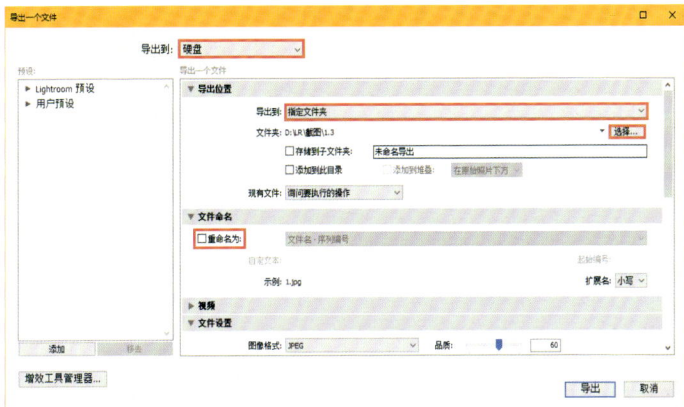

"文件设置"比较关键。在Lightroom中导出的文件的格式设置有一些要点。如果只需要导出一张照片用来在电脑上浏览，或在手机上浏览，包括给客户看小样，那么此时可以选择导出JPG文件，"色彩空间"一般选择sRGB。如果需要将Lightroom中导出的照片导入Photoshop进行进一步的处理，特别是最终照片会放大进行打印输出以及装裱的时候，往往需要保留所有的原始文件最大的信息，那么这个时候就可以选择"图像格式"为TIF，然后把它的位深选择在16位，"色彩空间"选择Adobe RGB。如果需要保存的照片有最高的品质，则可以把"品质"设置为100，如果要在文件呈现的视觉效果以及文件的体积之间寻找比较好的平衡，则可以把"品质"设置在80左右。如果文件需要上传到网站，而一些网站对文件的大小有限制的话，可以勾选"文件大小限制为"，对应地选择文件大小。

在"调整图像大小"模块中，如果不调整，默认导出的就是原始大小的照片，照片的长边和短边都是原始的大小。有时候在电脑上或者在手机上不需要那么大的照片，那么这个时候可以勾选"调整大小以适合"。以上就是导出照片时的基本设置，设置好后单击"导出"按钮就会出现导出的进度条，进度条完成说明导出也完成了。

重新打开"导出一个文件"对话框，可以看到文件设置跟刚才的设置是一样的。如果需要经常使用这个设置，就可以把它保存为一个预设。在对话框左边单击"添加"按钮，其中可以设置文件夹和预设名称。预设的命名可以按照习惯来设置，设置之后就可以看到文件夹下的预设。假如导出照片时修改了参数，但想恢复到原来的设置，只需要单击已经保存的预设，所有的调整参数都会回到之前预设的状态。这个时候再单击"导出"，所有的照片都会按照之前的形式导出。

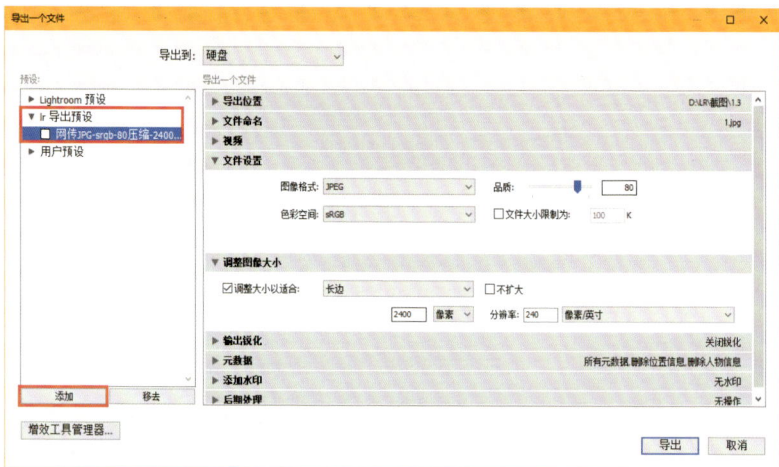

如果最终 Lightroom 输出的照片不是用来简单地在电脑看一个小样的，或者最终还是要用 Photoshop 进行进一步的处理修饰，并且最终的用途可能是打印，就需要输出高质量的图像。此时应选择 TIF 图像格式，"色彩空间"选择 Adobe RGB，因为它的色彩空间会比 sRGB 的还要大一些，位深度不再选择 8 位，而选择 16 位，这样可以最大程度地保存图像信息。"压缩"可以选择无压缩。当然这也要求对应的存储空间要比较大，因为导出的图像所占的空间会比较大。一般来说不会勾选"调整大小以适合"，因为要导出全尺寸的照片。其他的设置可以不改动。修改好后同样可以将该设置添加到预设中。在导出文件的属性中可以看到不同的参数设置对应导出的文件大小和其他属性有所不同。

如果 Lightroom 中还有一些想直接导出的素材，那么还有一种方法，就是可以右击"导出"选项。其中就有导出预设，直接选择对应的预设就可以直接导出照片，不需要再进入"导出一个文件"对话框。其中有一点要注意，设置中长边的作用就是不论对横幅的照片还是竖幅的照片都可以方便地进行设置。

第 2 章

照片基本调整

本章将结合具体案例，全方位介绍 Lightroom 软件的各种修图功能，这是摄影后期最重要的基础操作。学好本章内容、打好基础才能为后续的照片影调及色彩等精修做好准备。

2.1 校正图像色偏

本节将介绍在前期拍摄照片的时候，因条件限制或误操作而拍到一些颜色不正或者存在色偏的照片时，如何在 Lightroom 中通过后期的手段进行校正。

本节知识点

◆ 图像色偏的校正。

我们可以很明显地看到下图所示的照片出现了色偏，原因是在拍摄的时候使用了错误的白平衡。这是一张在室外拍摄的照片，而相机因为之前用于在室内拍摄照片，所以设置的是室内白炽灯的白平衡。这样的照片既然已经拍出来了，就需要在后期对其进行校准。

在"白平衡"选项里首先可以调整色温。色温偏低时就需要把它往高调。随着"色温"滑块的滑动，色温升高，可以看到照片越来越黄。把照片的色温调整到比较合适的数值，如5100、5200左右，大概达到日光的色温就可以了。

如果在调整的过程中对色温值要设置为什么具体数值没有特别清晰的概念，则可使用Lightroom提供的一些常用的预设。在界面中可以看到Lightroom中已有的白平衡设置。如果照片拍摄的环境是在日光下，白平衡就可以选择"日光"。"阴天"是在阴天拍摄的照片中常用的一种白平衡。选择"阴影"，照片的效果就会更黄，"阴影"往往是在晴天或者基本上是晴天的时候，没有太阳直射，在阴影区域拍摄的照片中使用。下面的"白炽灯"和"荧光灯"主要用在室内拍摄的照片中。当室内主要用白炽灯照明或者主要用荧光灯照明的时候，就可以对应选择这两个白平衡。"闪光灯"顾名思义就是将闪光灯作为主光照明使用，但是它和"日光"的效果比较接近。如果没有思路，可以尝试选择"自动"，

Lightroom会自动对照片进行分析，然后进行白平衡的匹配。之后在调整的基础上，可以根据自己对素材的判断，手动滑动滑块进行进一步的修改。

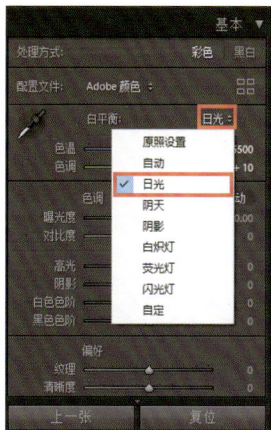

在有些情况下会发现，即使在前期拍摄的时候设置了正确的色温，最后拍出来的照片还是会有偏色的情况。出现这种情况往往是由于在拍摄的时候没有充分考虑环境光的染色。如在周围都是绿植的环境下，它们的绿色会给主体染上绿色。这种情况下，单纯地通过调整色温是没有办法将照片完全校正的。后期可以通过"色调"的设置来对照片进行一定程度的修正。下面这个例子就是环境光给皮肤染上了绿色，经过调整，皮肤的颜色就好看了很多。

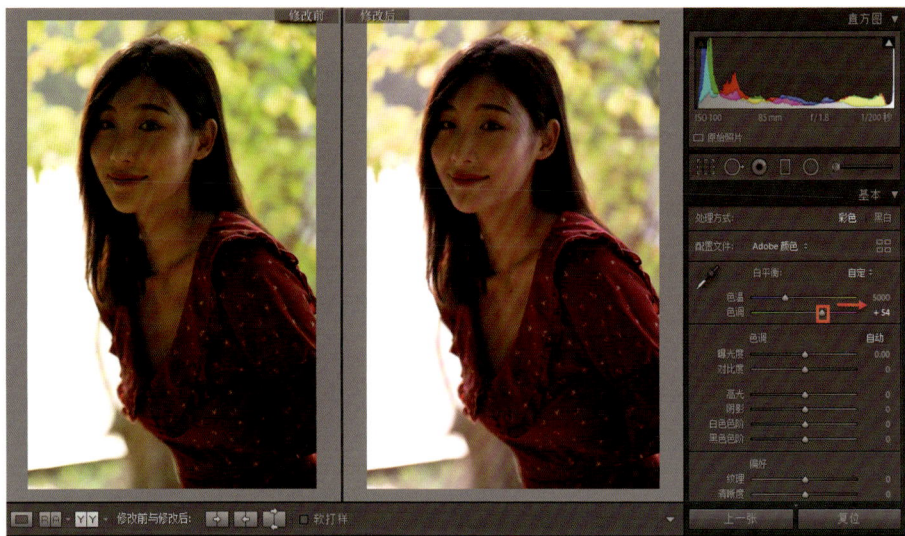

这里还要补充一点。虽然在本案例的操作中，滑动白平衡的"色温"滑块以及"色调"滑块大体地消除了一些环境色的影响，但作为一名专业的摄影师，在真正的日常工作过程中不允许拍摄中出现这样的问题。因为相对于在 Lightroom 中解决这个问题，更合理也更科学的一种解决方式是在前期拍摄的时候通过前期的手段，如打光、用反光板反射太阳光，来避免这种情况的发生。

2.2 图像的层次

本节将介绍如何在 Lightroom 中对一张图像进行亮度方面的调整，使它的亮度对比达到更好的效果，让它更有层次。

本节知识点

◆ 调整图像的亮度。

◆ 调整图像的对比度。

首先打开本节要用的素材，单击画面，看到它的直方图。

简单地解释一下直方图。直方图的左侧到右侧代表着不同亮度的像素，它的上下代表着对应亮度的像素的数量。所以用一句话来概括就是：在直方图中，越往左的像素亮度越低，越往右的像素亮度越高。我们通过这张图的直方图可以看到，图像中较亮的部分其实是缺失的，我们可以说这个图像没有白点。旁边会显示较亮部分像素的数量。大部分的像素集中在左侧比较暗的部分，因为画面中有很大的一部分是人物的头发，头发比较黑，这一部分就代表比较暗的像素。从这个角度理解了直方图，之后我们就可以相应地将直方图作为调整图像亮度的参考。

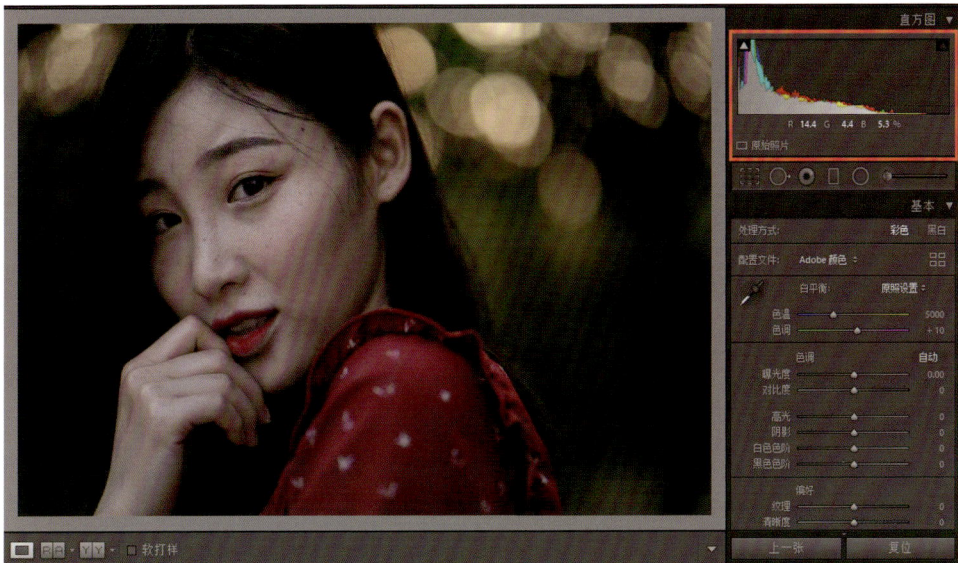

在Lightroom的操作界面中，白平衡滑块的下方有一系列可以用来调整图像亮度的工具。第一个就是"曝光度"。当把鼠标指针放在不同的滑块上时，直方图中都会对应地显示调整的主要区域的像素。所以调整曝光度的时候，主要是处理这张图中间这一部分的像素。

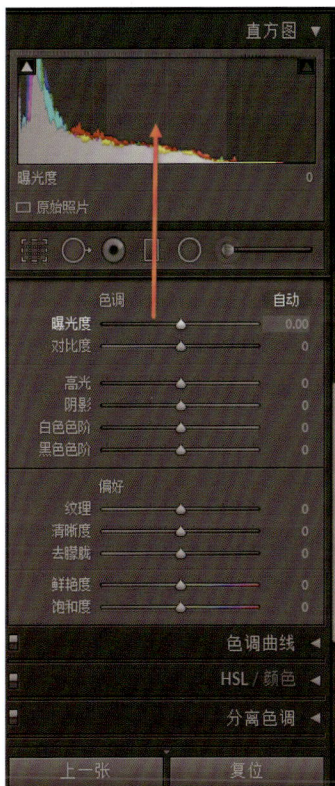

将滑块往右边拉的时候，整个画面的像素会变亮，如果往左侧拉，整体的曝光度就会降低。接下来可以把"对比度"稍微增强一些。对比度高的话，亮的地方会更亮，暗的地方会更暗；对比度低的话，亮的地方会变暗，暗的地方会变亮，这样对比度自然而然就会降低。"高光"对应的就是直方图右侧的区域。将滑块往左边拖动，高光的亮度会降低较多，其他的部分受到的影响较少。"阴影"滑块可以向右拖动一点，这样主要是为了提高暗部的亮度。如果暗部的亮度提高很多，虽然可以体现出很多暗部的信息，但是画面会变得很脏，一般来说这种效果是不理想的，所以在处理时一定要把握好度。

　　"白色色阶"在整个画面的最右侧，如果向右拖动滑块，画面会越来越亮，导致画面过度曝光。单击直方图右上角的三角标记，会显示高光剪切的区域，这样可以提供一个参考，将所有过度曝光的部分在画面中显示出来。

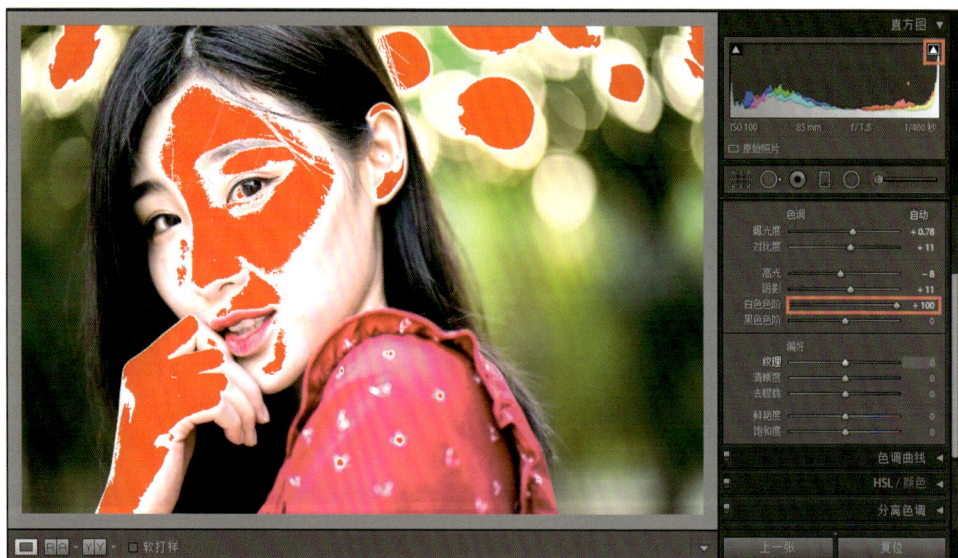

　　"黑色色阶"也是同样的道理，只不过如果向左拖动滑块，暗部区域对应地就变得更暗，而向右拖动就会提亮。

最后将原片与调整后的照片进行对比。

可能有人会存在疑问，就是如何判断参数到底调整到什么数值合适。其实在调整一张照片的时候没有必要机械地认为参数一定要调到哪一个点，判断的唯一依据就是用眼睛观察这张照片调整后的效果。如果觉得调整后的照片看起来舒服、漂亮，那这个时候就可以了。

在这里补充一个在前期拍摄中的良好个人习惯，现在数码相机的宽容度往往都比较高，而想通过前期以及后期的手段去保留数码照片所有的细节，摄影师往往会让照片欠曝半档到一档。对现在的数码照片来说，稍微欠曝一点是没有问题的，暗部的细节可以通过后期的手段弥补回来。但是对应的，如果前期拍摄的时候过曝了，高光部分的细节虽然可以通过后期的软件进行一定的弥补，但还是无法达到很好的效果。这也是很多人说前期拍摄的时候"宁欠勿曝"的原因。

2.3　清晰通透与磨皮

本节将讲解如何在 Lightroom 中对图像的质感进行个人偏好性的处理。

本节知识点

◆　如何调整发灰的图像，使其变清晰。

本节还是使用 2.2 节的素材，为了进行进一步的对比，可以右击界面中的照片，在打开的快捷菜单中选择"创建虚拟副本"选项，进行虚拟副本的设置。简单地说，虚拟副本就是在不复制原始文件的前提下，在 Lightroom 中对同一个文件进行多版本的不同修改。

在 Lightroom 的界面中，"高光"滑块、"阴影"滑块下面就是"偏好"的几个滑块。第一个叫"纹理"，第二个叫"清晰度"，第三个叫"去朦胧"。调整它们所产生的效果都很直观，拖动相应滑块就可以看出变化。

将"纹理"滑块往左边拖动时，图像的纹理效

果会变弱，往右边拖动时，图像的纹理效果会增强。对于 Lightroom 中任何一个滑块，都可以通过双击来使它回到原始、默认的位置。"清晰度"滑块同样，往左边拖动时，图像的清晰度就降低，往右边拖动时，图像的清晰度就会增加。当"清晰度"滑块拖动到最右边的时候属于比较极端的情况，这个时候画面会显得很脏。一般来说调整女性图像的时候都不会进行这么夸张的处理。将"去朦胧"滑块往左边拖动时，画面就会变得特别朦胧，而往右边拖动时，画面就会呈现对比度特别强烈的效果。"去朦胧"滑块往往在一些特殊情况下会用到，如拍摄的时候天气不好，特别是空气的通透性不好的时候，可以适当地将"去朦胧"滑块往右拖动。在实际人像修饰的过程中，对于女性图像而言，一般会将这3个滑块往左边拖动；而对于男性图像而言，特别是一些硬朗的男性，包括老人，他们皮肤上会有一些风霜的印记，此时可以考虑把"清晰度"滑块和"纹理"滑块向右拖动。针对本节使用的图像，可以适当地把纹理降低一些，清晰度也降低一些，而对于"去朦胧"滑块，如果不需要特殊的效果就只用小幅调整。

补充一下，"纹理"是 Lightroom 2019 及之后的版本中新出现的滑块，所以如果用户使用的是老版本就无法使用这个滑块。

处理完成后可以把这个虚拟副本与原始版本进行对比。方法是选中两张照片，然后按 <C> 键自动回到"图

库"界面。进入界面后可以看到经过对纹理、清晰度以及去朦胧的修改，人物的皮肤已经得到了一定的改善。

那么接下来还有两个滑块——"鲜艳度"和"饱和度"它们用于对图像的整体色彩进行调整。拖动相应滑块就可以看到明显的效果。鲜艳度和饱和度之间的区别可以这样简单地来理解：调整饱和度就相当于对画面中所有的不同颜色的元素的饱和度进行无差别的增加或者减少；而调整鲜艳度其实也是调整饱和度，但是它针对不同的色彩会有不同的调整程度或者调整力度。在调整鲜艳度的时候，无论是降低还是增加，一个画面中原始的饱和度越高的地方，它的调整相对来说就越少。而在鲜艳度增加的时候，原始饱和度不高的地方的变化会比原始饱和度高的地方的变化大，反之亦然。从个人习惯来说，为了使画面整体颜色更协调，笔者会将饱和度调低一点，对应地把鲜艳度调高一点。

2.4 精确调整画面亮度

本节将介绍如何在 Lightroom 中利用曲线工具来对一张图像的不同的亮度区域进行相对精确的调整。

本节知识点

◆ 曲线工具的使用方法。

在 Lightroom 中打开本节需要用到的素材，开始调整。首先可以调整一下白平衡，让画面显得暖一点。

在图像右侧可以看到"色调曲线"面板，该面板里也有"高光""亮色调""暗色调""阴影"及其对应的不同区。调整每一个滑块时都可以看到整个图像的亮度的改变。

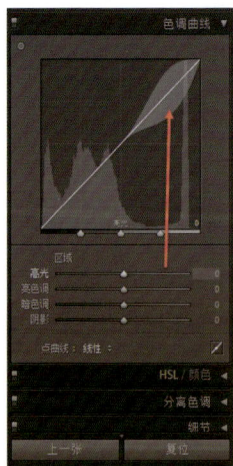

需要注意的是"色调曲线"面板的左上角标志（①）。单击该标志后可以看到鼠标指针形状发生了变化，找到需要调整亮度的区域中的点，如脸部，然后按住鼠标左键不松开，向上拖动鼠标指针，可以发现曲线产生了变化。通过这样的方法可以很精确地控制特定画面区域的亮度。

根据自己的习惯对照片进行处理，如衣服可以暗一点，天空可以亮一点。此时天空已经出现了高光剪切，但这种情况其实并不是不可接受的，因为天空中其实没有太多的细节，并且主要的画面内容并不在天空中。换句话说，不管剪切是在亮调还是暗调中，如果它对画面的主体以及要表达的主题或者情绪没有特别大的加成作用的话，其实是可以接受它小幅地过曝或者欠曝的。

之后再根据自己的喜好对照片进行修改。修改完成后单击"Y"键，可以看到修改前后的照片对比，效

果还是很明显的。这就是用曲线工具对图像亮度进行调整的过程中常用的小技巧。

那么在 Lightroom 中使用曲线工具的好处是什么呢？就是可以通过对画面中不同的亮度区域进行点选的方式来相对精确地制造一条比较平滑又比较复杂的曲线。这样就不用仅依赖"高光""阴影""白色色阶""黑色色阶"滑块调整图像，而可以根据视觉效果来更直观地调整整个画面的亮度和对比，从而突出画面的层次。这就是使用曲线工具的一些基本技巧。

2.5 结合预设调色

本节将介绍如何在 Lightroom 中调用默认存在的预设，对图像进行进一步调整。

本节知识点

◆ 预设的基本概念。

◆ 调用已保存的或系统自带的预设。

打开 Lightroom 可以看到图像的左侧有"预设"的部分。简单地说，预设就是一种特定的照片风格，用户只要把这个照片风格应用到需要调整的照片中就可以了。鼠标指针在不同预设上滑动就可以预览应用效果。

之所以在直接应用预设的时候会觉得效果还差一点，往往是由于曝光方面的调整还不够。所以这个时候就可以在应用预设的基础上对照片的"曝光度""对比度""高光""阴影"等与曝光相关的亮度参数进行微调。简单地拖动滑块就能够让画面的亮度更为合理。

　　接下来还可以尝试应用另一个预设，如黑白的效果。选择合适的黑白的预设，同样需要对照片的曝光参数进行微调。

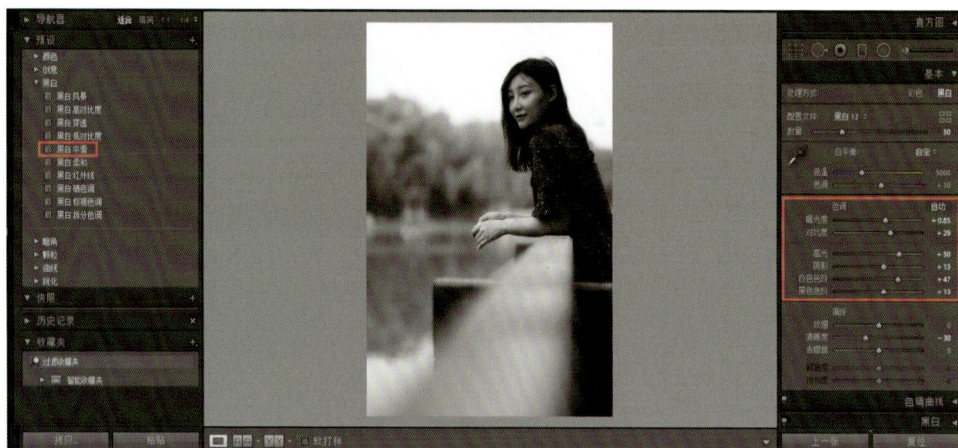

　　之前几节都是学习拖动相应滑块来整体调整一个图像的亮度以及白平衡等涉及的参数。那么下面的课程将介绍使用一系列的工具来对画面的局部或者特定的部分进行颜色方面的调整。

第 3 章

照片影调与色调全方位调整

LR

要想真正掌握数码摄影后期技术，照片明暗、色彩调整是非常核心的知识点。接下来的内容，将帮助你真正开启数码摄影后期技术的学习之旅，让你知道怎样调整照片的明暗影调才算合理，色彩控制到什么程度才能让照片看起来更舒服、耐看。

3.1 HSL 控制画面特定颜色

本节将介绍在 Lightroom 中利用 HSL 调整工具进行特定区域、特定色彩区域调整的一些基本技巧。

本节知识点

◆ 针对特定颜色进行调整。

打开 Lightroom，选取一张颜色层次相对比较丰富的照片，这样可以更清晰地看到参数调整的效果。

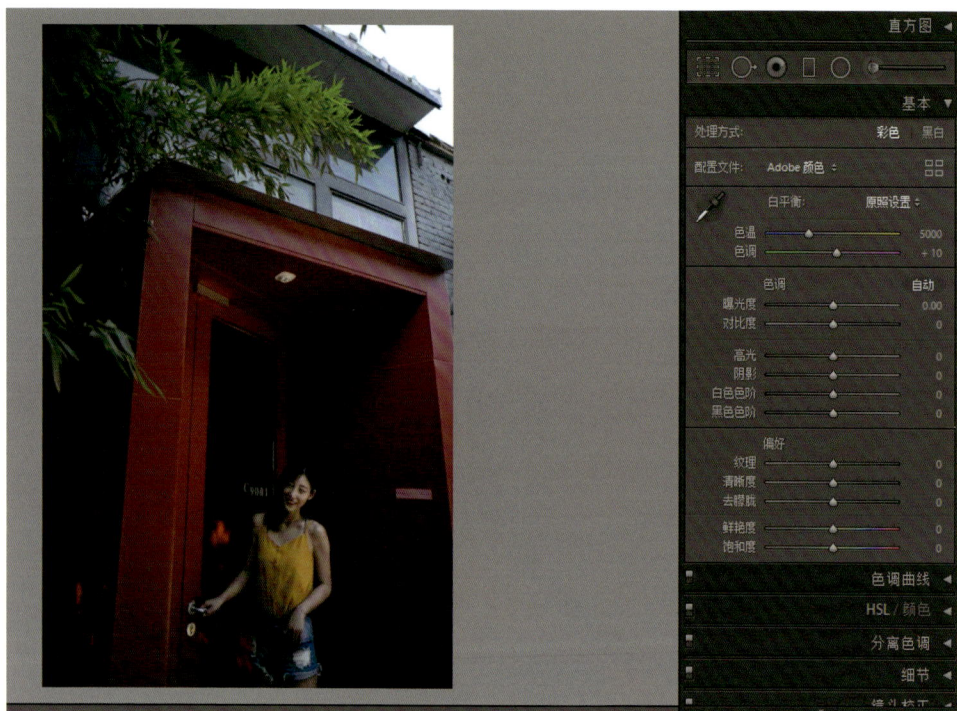

首先看白平衡和曝光度等基础参数。白平衡基本上比较准确就不做调整了，将"曝光度"提高一点，"对比度"增加一点，"阴影"增加一点，"黑色色阶"降低一点。"色调曲线"不做调整。

　　单击"HSL/ 颜色"调整工具，这里可以选择 HSL 或者颜色。选择颜色时，对应的有红、橙、黄、绿、浅绿、蓝色、紫色和洋红一共 8 种颜色。选择 HSL 时，还是这 8 种颜色，只不过位置不同，按照"色相""饱和度"以及"明亮度"区分。

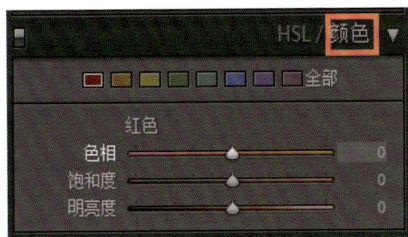

　　选择 HSL 工具，可以单独打开"色相""饱和度"或者"明亮度"的面板，也可以将 3 个面板全部打开，滑动鼠标切换查看。

　　接下来进一步调整这张照片。HSL 工具非常简单，可以针对画面中的不同颜色，以颜色为区分调整对应颜色的参数。例如，画面中有一个非常大的红色的门，如果提高红色的饱和度，可以看到整个门的饱和度增加，只是本身门的红色的饱和度就很高了，再加强红色的饱和度，效果不是特别明显。若降低红色的饱和度，可以看到门的饱和度大幅降低，但是其他颜色，如树叶的绿色，基本上不受影响。

　　如果想更精确地确定特定区域中哪一种颜色占比较多，就可以调整饱和度，观察饱和度变化最明显的地方。如要看哪一个地方是红色的，就拖动饱和度下的红色滑块，饱和度变化最明显的位置就是红色的。

　　放大看人物的皮肤，若想知道人物的皮肤上是否有红色，就拖动饱和度下的红色滑块。拖动滑块后，可以看到人物的嘴唇、鼻梁上方，包括身体上的一些部分的饱和度变化明显，说明这些皮肤部分是有红色的。如果选择加强红色饱和度，则这些部分的饱和度也会加强。

　　进一步看一下人物肤色。一般来说，人物肤色以橙色为主，当降低橙色饱和度的时候，可以看到人物皮肤接近黑白的效果。如果加强橙色饱和度，就可以看到人物皮肤过于饱和，所以橙色的调整对人物肤色的影响比较大。人物穿着的衣服以黄色为主，所以把黄色饱和度降低时，衣服颜色有很明显的变化，而皮肤多多少少也会有一些变化。

回到整张图，如果降低绿色的饱和度，树叶的颜色就会发生变化。

拖动浅绿色滑块，画面变化不是特别大，说明整个画面中浅绿色的占比不是很多。

蓝色饱和度降低之后，人物的牛仔裤的蓝色就变淡了，画面上方的外墙和玻璃部分的蓝色也变淡了。视觉上，紫色和洋红在画面中不是特别多。降低这两个颜色的饱和度之后，画面没有太大变化，再观察人物的一些细节部分有没有受影响。

做以上这些调整是为了告诉大家，当从视觉上不好直接判断一张图像的颜色组成的时候，可以通过调整饱和度来大致判断图像主要是由哪些颜色构成的。接着就可以根据判断，有选择地对颜色单独进行调整。

　　如果需要人物的肤色再亮一些，使人物的皮肤在整个画面中更加突出，就可以把橙色的明亮度稍微提高一点，因为皮肤的颜色大部分是由橙色组成的。提高明亮度后可以看到皮肤被提亮了。再看人物衣服的黄色需不需要提亮或者减弱，此时可以稍微地减弱一点，这样可以与皮肤之间有更好的对比效果。

　　红色部分没有必要调整太多，因为红色在画面中所占的面积比较大并且颜色也比较饱和。

　　红、绿两色相撞比较多，虽然绿色的面积不是特别大，但是从色彩和谐的角度来说，可以考虑把绿色的色相调整得偏暖、偏黄一些，让绿中带一点黄色，这样绿色与红色结合的画面感会更好一点。如果绿色偏青，就会影响画面的观感。

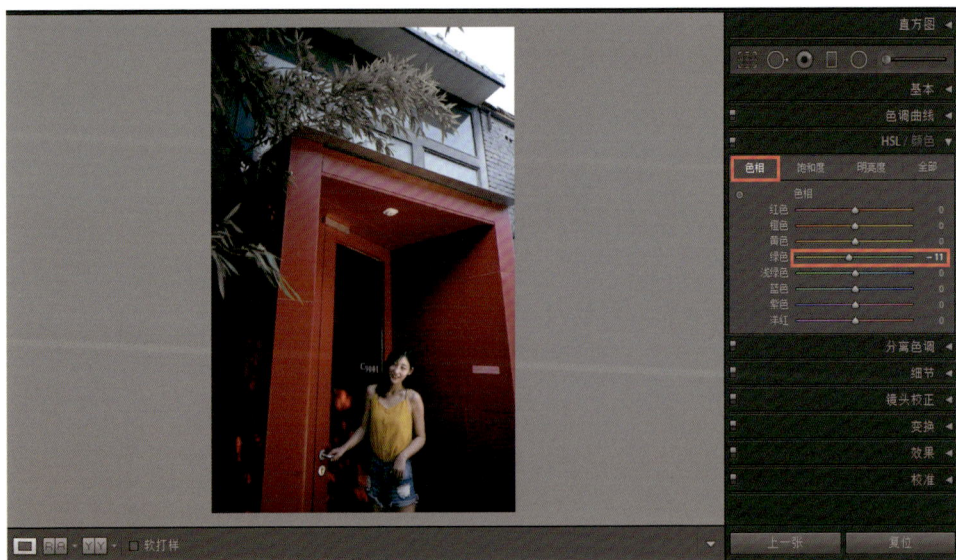

　　但这更多地取决于个人对色彩的掌握，在这里只是向大家介绍调整的方式。再看一下蓝色与其他颜色是

否需要调整。

这张照片大概调成这样，色彩方面就已经可以了。其实一般很少单独使用 HSL 这个工具对一张照片进行全面的调整，而更多地是综合使用白平衡、整体的颜色工具以及"亮度""曝光度""对比度"等一些调整亮度的工具，还有色调曲线，对一张照片进行调整处理，以达到比较理想的效果。所以，刚才的演示只是让大家能够清楚地了解拖动 HSL 工具中各个滑块能够达到的效果。

有些人可能会问，照片修改前和修改后的变化仿佛不是特别大，这里要跟人家解释的一点是，当使用 HSL 工具的时候，如果想调整出差别比较大的效果是完全没有问题的，这个工具调整的效果很明显。例如，在这张照片中夸张地修改红色、橙色以及其他颜色的色相、饱和度和明亮度。做了这些操作之后，这张照片修改前后的变化会非常明显。

　　但是为什么刚才演示的时候没有做这一系列的操作呢？其实是笔者想与大家分享使用 Lightroom 的一些理念。Lightroom 是一个功能非常强大的调色软件，但它毕竟只是一个工具，真正决定将一张照片调整到什么程度的，不是这个工具。不是这个工具可以做到哪种效果就要将画面调整到相应效果，而是要根据我们自己的判断来调整画面的整体效果。没有必要调整很多的时候，只做适当的调整即可。希望大家记住一点，不要因为可以通过一些工具来达到某种效果而调整，真正指导调整的只有一个标准——对画面美感的判断。当这个画面只需要小幅调整，达到的美感就刚刚好，不多也不少的时候，其他的调整宁可不做。

3.2　分离色调创建独特色彩风格

　　本节将介绍如何在 Lightroom 中使用分离色调工具为图像创建不一样的颜色效果。

本节知识点

- ◆　调整高光区域色调。
- ◆　调整阴影区域色调。

　　打开 Lightroom，导入图像。首先，在"基本"面板中，常规地做一些基本的调整。例如，"白平衡"稍微暖一些，"曝光度"增加一点，其他的调整先暂时不做。

　　接下来打开"分离色调"面板。先简单地介绍一下分离色调的意义，面板中有两个部分："高光"和"阴影"，代表着对画面中的高光部分和阴影部分分别进行着色，通过"色相"和"饱和度"控制着色，平衡调整高光着色强度和阴影着色强度。

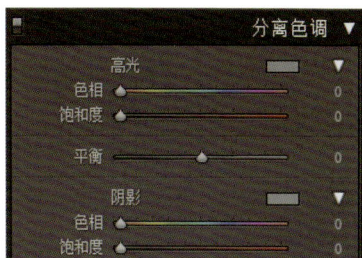

下面讲解具体的操作。先看高光部分。直接拖动色相滑块，图像没有任何变化，这是因为图像的颜色饱和度为最小，相当于没有着上色。把饱和度稍微提高一点之后，图像就变得不一样了。调整高光部分的色相，随着滑块的滑动，高光部分变得偏红、偏橙直到偏紫，视觉效果非常明显。在这样的光线环境中，将高光，特别是人物肤色等处的高光调得偏暖一点，大概调到40。

同样，阴影部分的颜色也是一样的。先提高阴影的饱和度，因为色相的滑块默认指向红色，所以阴影偏红。阴影部分需要调到冷色调，将色相调到青色或者蓝色的范围，可以看到阴影部分已经呈现出冷色调。

如果觉得效果还不理想，就可以增加饱和度，这样整个图像就会变得更冷、更青、更蓝一点。如果提高

高光部分的饱和度，高光就会变得更黄。

　　将平衡滑块调整得偏向高光，画面就更偏高光着色的效果。相反，如果往阴影方向调整，画面就更偏阴影着色的效果。这张图需要偏暖一些，将平衡滑块向高光移动，并提高阴影的饱和度，使暗部的阴影再明显一些。

　　下图为分离色调前后的效果对比，这就是使用分离色调工具对彩色照片进行着色的操作。

　　除了处理彩色照片，分离色调工具同样可以对黑白照片进行着色。下面对黑白照片进行分离色调处理。为了对比效果可以先创建一个虚拟副本。

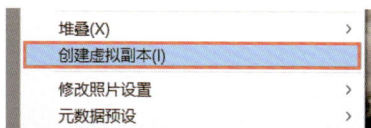

同样地，先提高图像的饱和度，可以看到高光的地方偏红，但一般来说要体现这种黑白照片的老旧感，高光部分要偏褐色或者橙黄色一点。

对应地，阴影中也需要有色偏，可以先增加"饱和度"，再将"色相"调整到褐色或橙黄色的范围。这样，无论高光区域还是阴影区域都有着色。

　　如果想要创造出一种不一样的效果，可将图像调整为高光偏暖而阴影偏冷的撞色对比效果。此时就可以把阴影的色相调到蓝或者青，再调整平衡滑块，使其偏向高光部分，让画面更加细微，达到与先前不一样的效果。

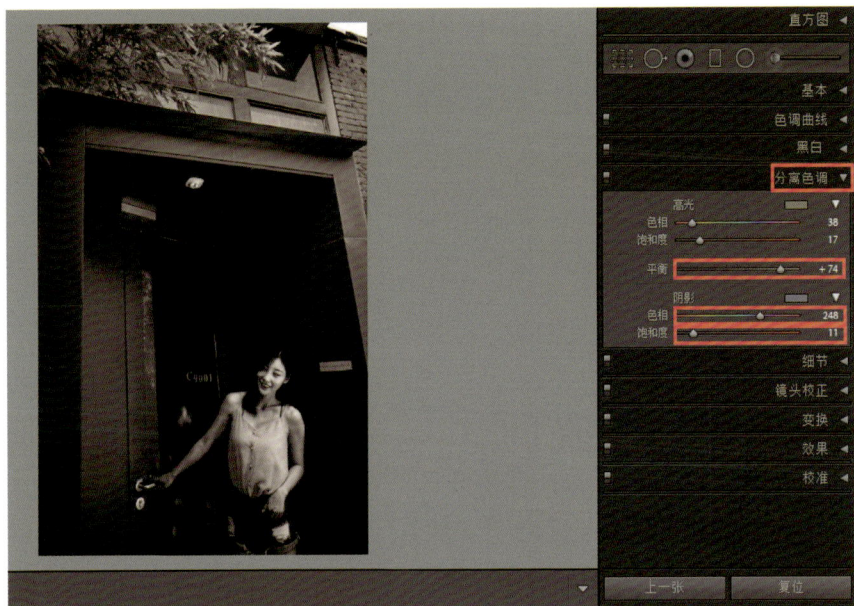

　　也可以尝试高光偏冷而阴影偏暖的效果，平衡滑块向阴影移动。这也是一种不一样的效果，可以看到整个画面偏向了阴影这边。阴影是偏暖的，所以整个画面偏暖，但是人物的高光部分还是冷色调的。这些调整都是根据个人的喜好来决定的。

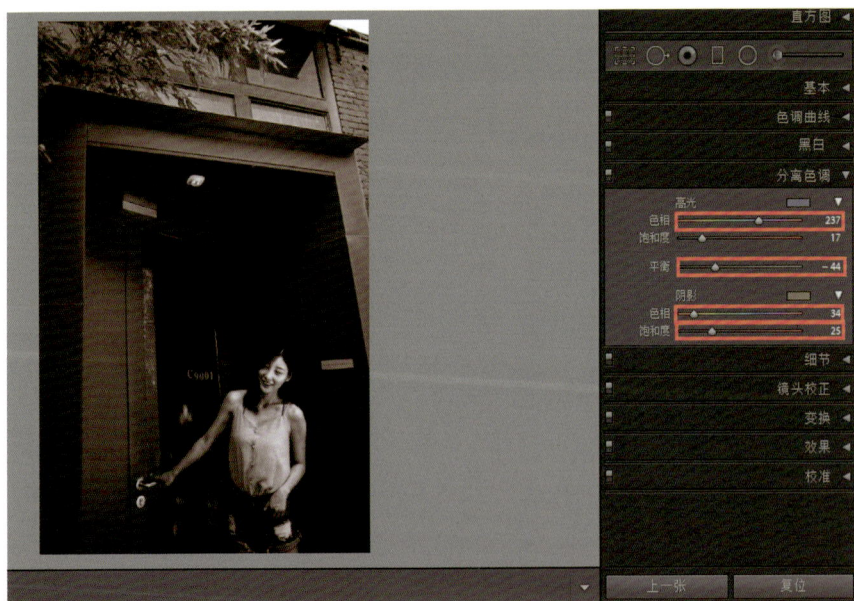

调整这张图像时，让画面偏暖一点，不要呈冷色调，直接把阴影的饱和度降到最低，让整个画面的高光偏暖，"平衡"滑块也向高光移动，让调整效果对高光，也就是亮部的影响更明显。整个画面的阴影没有着上颜色，主要是由于高光的区域偏向暖色，整个画面又偏向高光区域，使得画面偏暖，就创造出了一种黑白照片褪色的效果。

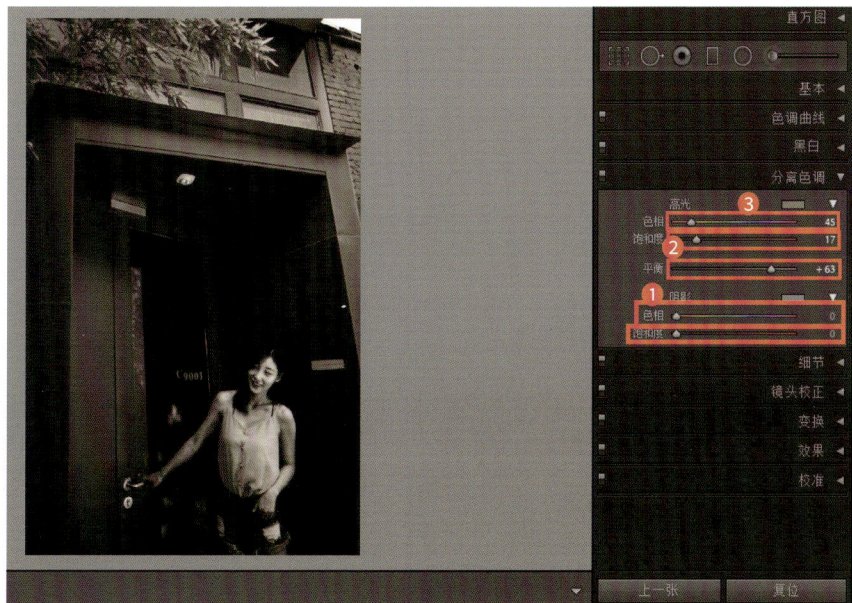

对比常规的黑白照片与褪色的黑白照片。这是使用分离色调工具可以快速实现的一种效果。

3.3 黑白风格处理方式

本节将介绍在 Lightroom 中将一张彩色照片转换为一张黑白照片的比较理想、常用的方法。

本节知识点

◆ 图像的黑白转换。

◆ HSL 调整黑白效果。

在 Lightroom 中打开照片。先介绍一个常规的转换黑白照片的方法，直接将照片的饱和度降到最低，这样就生成了一张黑白照片。

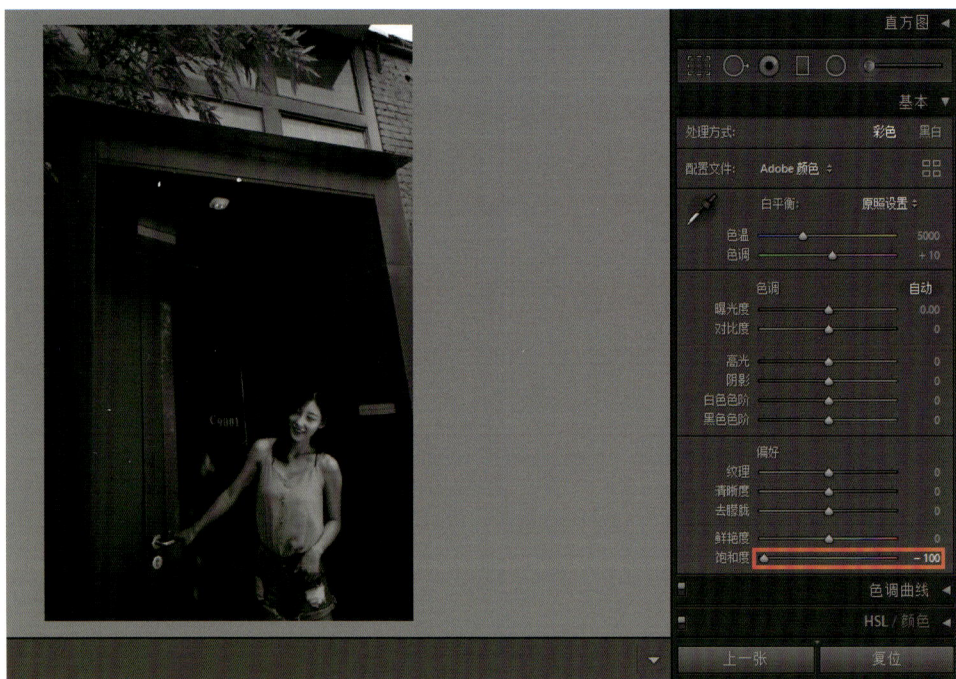

为了方便对比，先创建一个虚拟副本，然后将创建的虚拟副本的饱和度降到最低。再回到原来的照片中，将饱和度还原。现在介绍在 Lightroom 中将彩色照片转换成黑白照片的方法。在 Lightroom 的"基本"面板中，有"处理方式"这一选项，选项中包括"彩色"和"黑白"。默认"彩色"，单击"黑白"按钮后，可以看到彩色照片直接被转换成黑白照片。

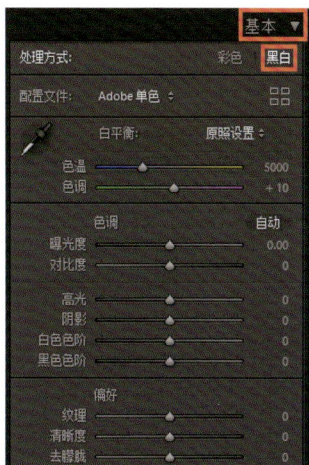

往下拉面板，可以看到 3.1 节中提到的 HSL 工具的选项已经没有了，只剩下"黑白"选项。如果调整红色的参数，对应地，原来的彩色照片中的红色部分的亮度会产生变化。其他颜色的调整也是类似的。HSL 工具可以对原来的彩色照片中不同的颜色的亮度进行单独调整。这就使调整转换后的黑白照片有非常大的灵活性。

一般来说，彩色照片转换成黑白照片之后，可以先单击"自动"按钮，可以看到所有的颜色对应地都有了不同的调整。需要明确的一点是，当把一张彩色照片转换成黑白照片之后，就没有了彩色的信息，画面所有的层次都来自黑白灰的亮度信息。

例如，彩色照片中，门是红色的，门上方的树叶是绿色的，当转换成黑白照片之后，绿色和红色之间的亮度差异非常小，不同于彩色照片中两种颜色之间有比较大的差异。处理这个问题的思路是调整黑白照片中不同颜色的亮度，使得它们的亮度差异在黑白照片中体现出来。

再对不同颜色进行细微的调整。调整红色，使之偏暗一点，因为人物在红色的门前面，一般人物，尤其是女性，要更亮一些，而背景要暗一些，让人物在整个背景中更突出。所以红色不加亮，而是适当地调暗一些。为了让树叶与门有区别，所以将绿色调亮一些。

3.1 节中提到，肤色主要是橙色，所以把橙色稍微提高，这时可以看到肤色已经变亮了，与背景的对比也变强了。黄色部分是衣服，不能太亮、太抢眼，但也不能太暗，适当提亮即可。绿色也提亮一些。

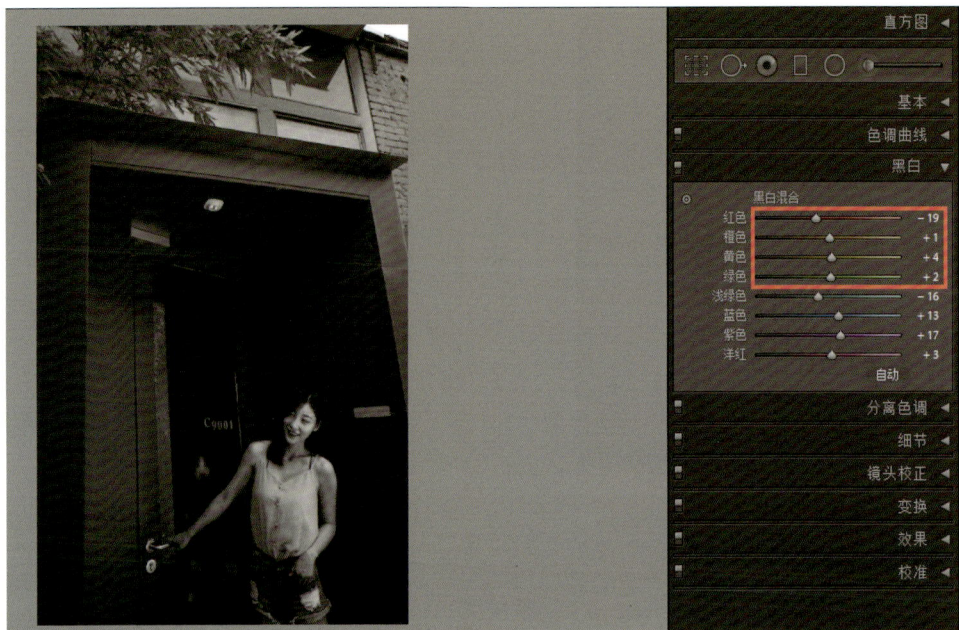

　　浅绿色也稍微调整一下，只要让它与周围的亮度拉开层次即可。蓝色也是一样，蓝色部分主要是牛仔裤、墙壁和窗户，如果把蓝色调得太暗，就不能将其与其他亮度拉开层次，所以需要提高一点蓝色的亮度。紫色和洋红的调整对画面没有太大的影响，只是对门框有一些影响，可以使紫色暗一些，洋红亮一些，拉开层次。

　　使用黑白工具进行这些调整之后，整个黑白画面的层次被进一步拉开。刚才提到黑白画面中所有的层次都是通过亮度来体现的，通过这些操作将颜色的亮度拉开之后，再回到"基本"面板，从整体上对亮度和层

次做进一步调整。使用之前学过的工具，提高"曝光度"，加强"对比度"，将阴影调高。放大看头发的层次，不要将阴影提高太多，否则会使头发显得假。"黑色色阶"降低一些，对比比较强。"白色色阶"提高一些，使人物整体比较偏亮但又不会特别突兀，在背景中突出人物整体即可。

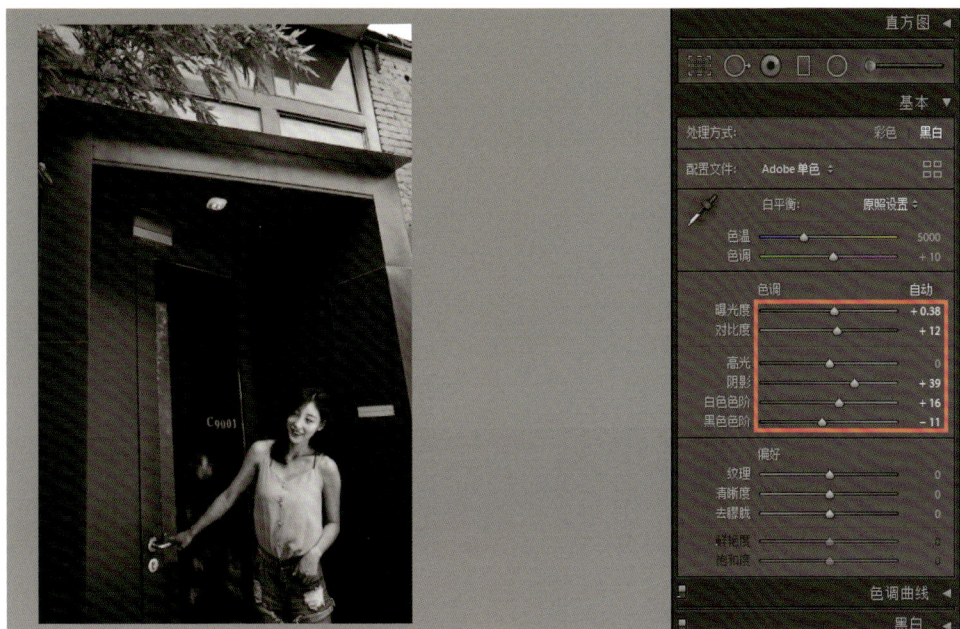

将通过Lightroom黑白转换方式得到的黑白照片与先前直接将饱和度降为0生成的黑白照片进行对比，同时选中这两张黑白照片，按 <C> 键。右边的照片是创建的虚拟副本，把饱和度降为 −100 之后产生的黑白照片；左边的照片是使用本节介绍的转换方式，并且进行了一些基本亮度调整之后生成的黑白照片。可以看到这两张黑白照片之间的效果差异比较明显。

3.4 渐变局部调色

本节将介绍在 Lightroom 中如何利用渐变工具对图像进行局部颜色处理。

本节知识点

◆ 设置创建渐变。

◆ 使用渐变调色。

本节开始讲解使用渐变工具、径向工具以及画笔工具在 Lightroom 中对图像进行局部调色的一些技巧。

先看一下这张照片存在的问题以及后期可以改进的地方。这张照片的色温不是特别准确，需要对白平衡进行简单的校正。这张照片是在室内没有阳光直射的环境中拍摄的，可以看到光线从画面的右侧进入，照射到主体。在这里可以压暗左侧的背景，以及下方的沙发，然后从画面的右上方进行亮度的渐变调整，产生一种光线从右侧进入画面的感觉，增强画面的效果。因此，渐变工具是非常合适的选择。

打开 Lightroom，先调整画面的白平衡，将"色温"调节为偏暖，其次画面中有一点绿色，需要将"色调"往洋红色调调整。对应地，适当增加"曝光度"，因为前期曝光比较准，所以增加幅度不必太大。"对比度"也适当增加一点。"阴影"稍微调高一点，习惯性地降低"黑色色阶"。暂时不进行"色调曲线"等其他调整。

打开渐变滤镜，或者按 <M> 键，可以看到右侧弹出了"渐变工具"面板，在拉渐变之前调整所有参数。双击参数的选项可以恢复为默认的参数。在画面左上方拉一个渐变，画面没有任何变化，因为事先没有调整任何一个参数。

提高"曝光度"，画面会产生相应变化。沿着渐变线由上到下的方向，亮度产生由强到弱的变化，这就很好地体现了渐变工具的作用。

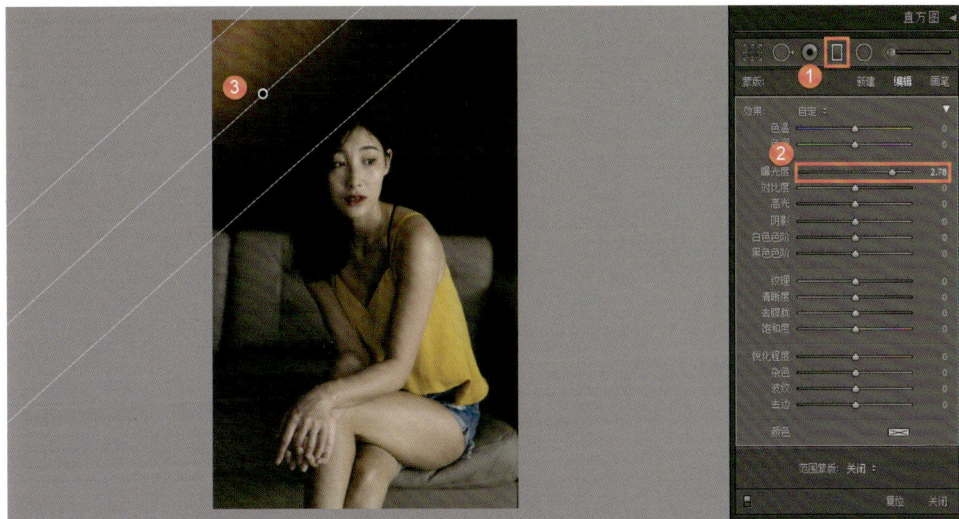

相反，如果把曝光度压低，左上方就被压暗。对这张照片来说，需要把左上方压暗，所以需要降低"曝光度"，同时调高阴影，以保留一定的阴影细节。

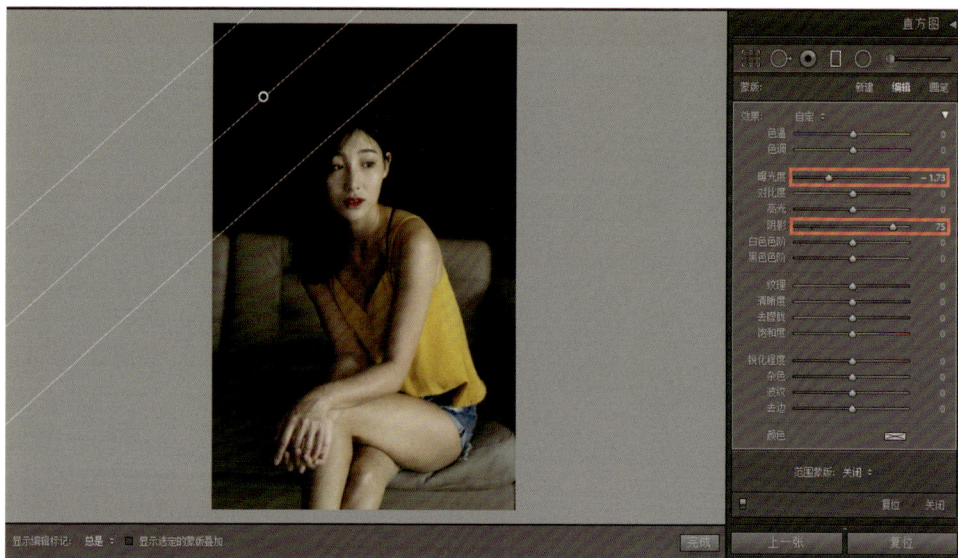

新建一个渐变。先解释一下渐变工具的这几条平行线，最左边的线是整个渐变的起点，这个位置的渐变作用效果是最强的；最右边的线的渐变效果为 0，所以会产生过渡的效果；中间的线可以用来旋转这个渐变，当光标变为旋转图标时，可以旋转渐变的方向。

同样，当光标变为抓手图标时，可以拉动这 3 条线，改变渐变的范围。

在这张照片中，适当地压暗左侧的画面，还要将"阴影"调高一点，保留阴影细节。因为沙发上有一些高光，所以微调"高光"，保留画面的层次。虽然提高了高光的亮度，但整体画面是变暗的。

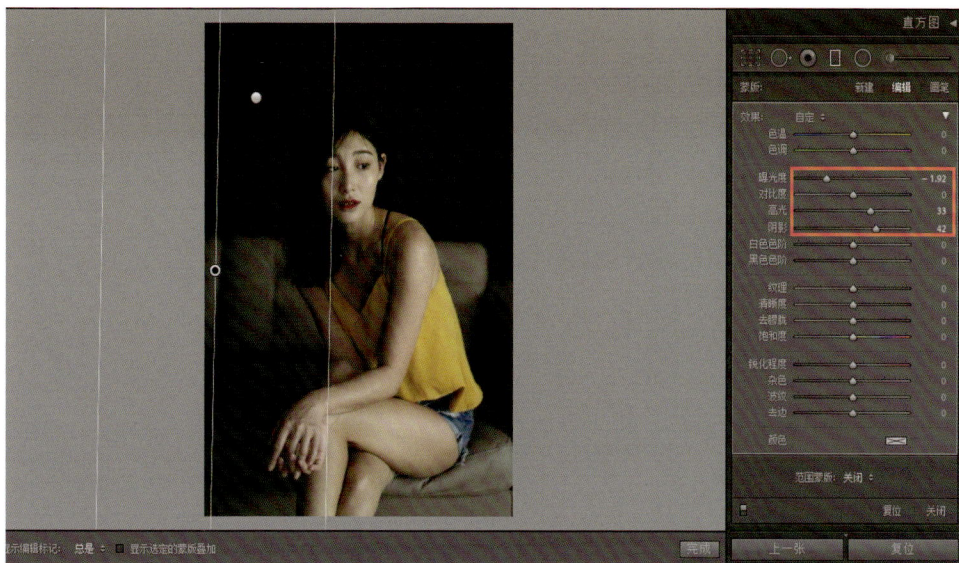

再新建一个渐变。人物的腿部与手肘位置偏亮，适当地降低亮度，使观看者的注意力集中在人物的脸上。降低"曝光度"和"高光"，稍微调高"阴影"。

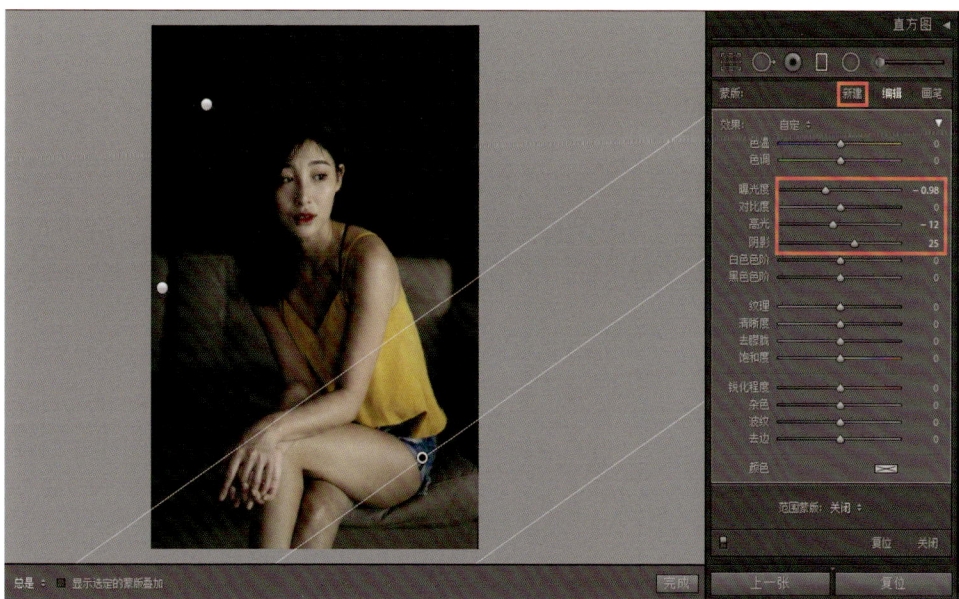

可以通过控制渐变效果的开关，选择是否开启渐变的效果。照片右上方偏暗，显得沉重，这时可以在右上方创建一个渐变，提高曝光度，从右上方向左下角拉出渐变，渐变的范围覆盖人物的脸部。再稍微调低"阴影"，调高"高光"。这个渐变的效果作用于人物主体，让人物的脸部更加突出。

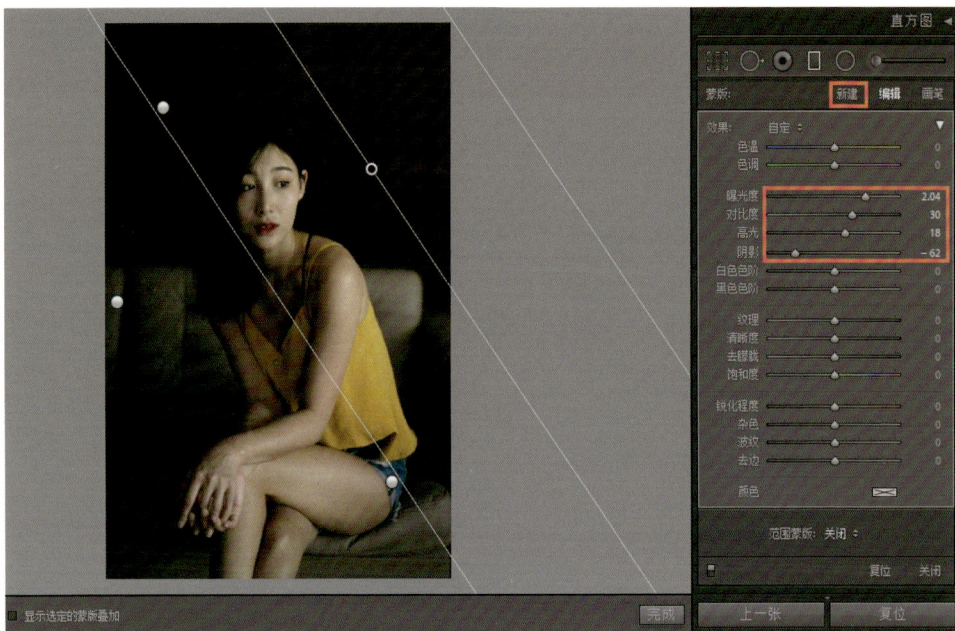

在"渐变工具"面板中，也有"纹理""清晰度""去朦胧"和"饱和度"等这些参数，如果有需要可以再适当地调整。如果需要调整颜色，可以进行着色处理，调节色温和色调。例如，在这里将色温调节到偏暖，使整个画面右上角部分的色温变得更暖，将色调调节得再偏洋红一点。但是这个操作同样也会影响到人物的肤色，所以调整颜色的时候需要把握一个度。

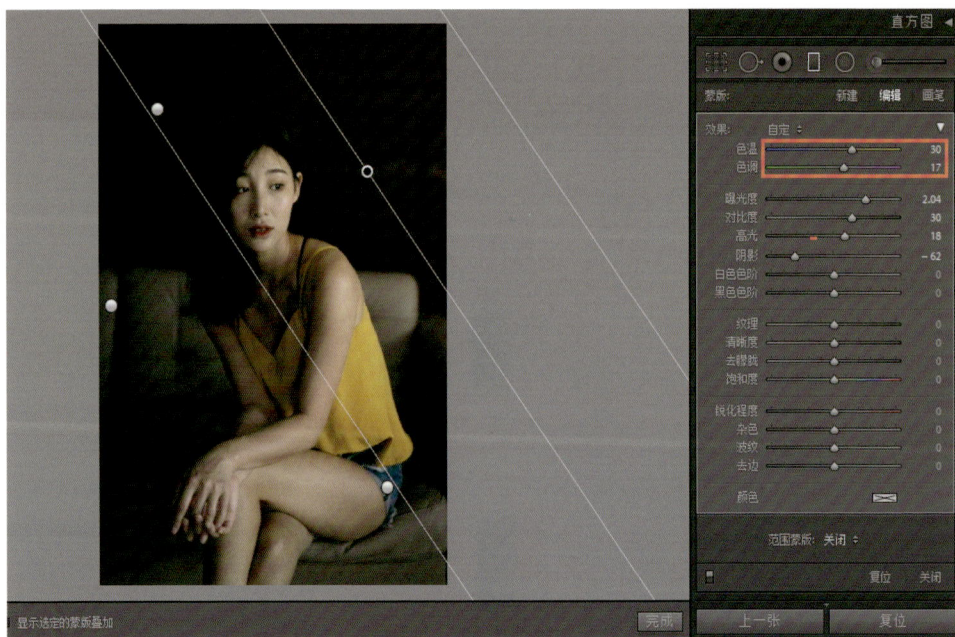

对比处理前后的画面，可以很明显地看到，使用渐变工具，在画面中添加了往左逐渐变暗，往右上方逐渐变亮的明显的过渡效果。

再回到"基本"面板中，观察一下这张照片，如果发现刚才的渐变处理有不够理想的地方，需要修改，那么可以重新回到"渐变工具"面板。此时可以看到画面中有几个刚才创建的渐变的点，选中需要修改的渐变，然后在右侧调整渐变的参数即可。例如，在这里，左上方的亮度太低了，那就提高一点"曝光度"，或者调高"黑色色阶"，再将"阴影"调高一些，"高光"降低一点，这样就完成了对渐变的修改。

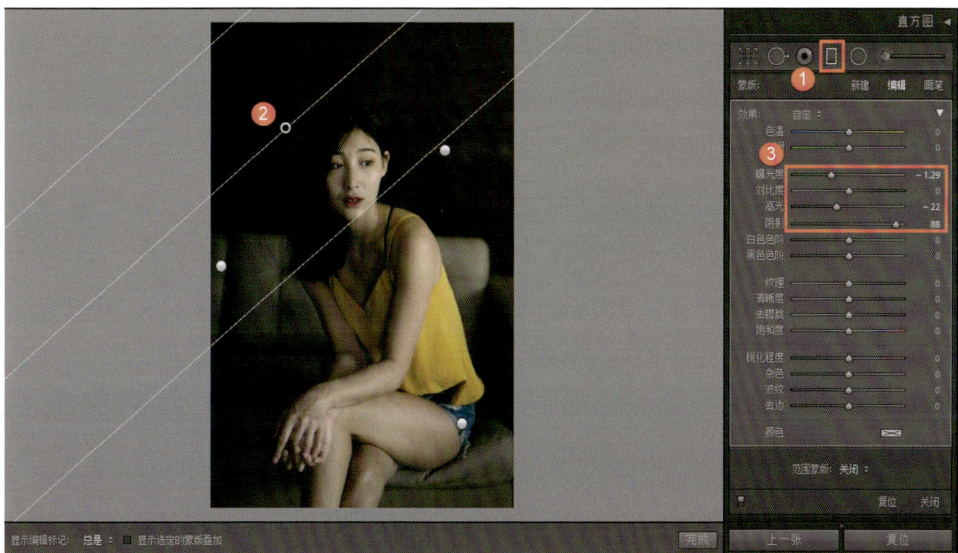

修改其他渐变的方法也是一样的。先选中需要修改的渐变，再调整渐变工具的参数。回到主画面，从整体上看画面效果，如果觉得渐变的效果不够，可以再打开"渐变工具"面板，继续调整。修改前后的效果对比如下。

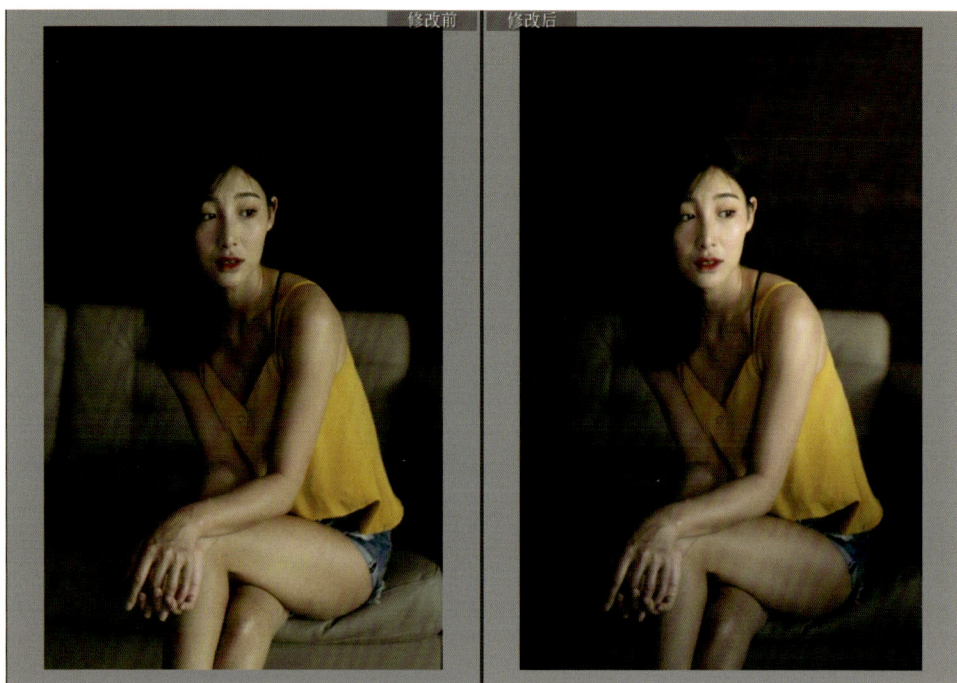

渐变工具经常用于调整天空，有时候需要把天空变得更蓝一些，这个时候可能就需要用到渐变工具。从上到下拉出一个渐变，再稍微降低"曝光度"，并将色温调得偏蓝一点，或者将"饱和度"稍微提高一点，但这些还是要根据具体情况进行判断和操作。

3.5 径向局部调色

本节将介绍在 Lightroom 中如何使用径向工具对局部画面进行调整。

本节知识点

◆ 设置径向调色。
◆ 使用径向局部调色。

先简单分析一下本节处理的照片。这张照片的曝光基本准确，白平衡需要调整。

现在讲一下增强照片效果的思路。这张照片是逆光拍摄的，主光源太阳在人物的背后，在头发上形成了发丝光。拍摄使用了反光板，人物的正面有补光，所以正面也带了一点太阳的颜色。整个画面以人物为主体，人物在画面的中间，四周是虚化的背景。修图的思路是突出人物，突出逆光的光感，所以需要在画面的中上方做一个径向渐变增强的效果，增强这部分的光感，并且让人物的皮肤变得更亮、更柔，同时压暗背景，使观看者的视线集中在画面更亮的部分，这样可以更加突出人物主体。

下面是具体的操作步骤。

首先调整白平衡，虽然没有太大的问题，但可以稍微地调暖一点，使太阳光线的效果更强。"曝光度"也调高一点，"对比度"和"阴影"也调高一些，"黑色色阶"调低一点。前期拍摄时，这张照片的整体效果已经不错了，所以后期没有必要对它做太多的修改。

接着是径向滤镜的操作。打开"径向工具"面板之后，可以看到面板当中所有要调整的参数与 3.4 节中讲到的渐变工具的参数是一样的。两者的区别主要在于作用区域和作用方式。例如，把"曝光度"调高之后，拉出一个径向，可以看到画面是从这个圆形或椭圆形的中心向四周发生变化，而使用渐变工具时，画面是从一边向另一边发生变化。

在逆光的场景下，在这样的位置拉出一个渐变，并且提高"曝光度"，降低"去朦胧"，就增强了光感。但同时画面的颜色也会被冲淡一些，所以需要将色温调暖。

新建一个径向。这个径向需要达到从四周向中心逐渐变暗的效果。把"曝光度"降低，在画面中间拉出一个径向，可以看到从中心向四周的明暗变化。如何把这种效果反过来呢？可以使用"反相"选项。取消勾选"反相"，径向的效果就变成从四周向中心逐渐变暗。

适当地降低"曝光度",同时把"阴影"调高一点。在压暗画面之后,颜色也会受到影响,所以把色温向暖色方向调一些。

调整后的照片与原始照片相比,变化明显。调整后,观看者的视线越来越往人物集中,因为人眼的一个生理特点就是本能地把视线集中在画面中比较亮的部分,而不是比较暗的部分。

刚才的第一个径向是从上至下的,从太阳的位置拉下来,因此还需要提高人物脸部的亮度。新建一个径向,将"曝光度"提高一点,"纹理"调低一点,达到磨皮的效果。

　　如果对这个效果不满意，还可以做进一步的修改。

　　这里又出现了一个新问题，刚才在压暗人物四周景物的时候，人物的肩部也变暗了一些，需要提高肩部的亮度。所以新建一个径向，稍微调高曝光度，在人物肩部的位置拉出。提高肩部位置的亮度时注意不能调得太亮。同样地，在另一边肩部的位置也拉出一个径向渐变。通过处理两个新的渐变，对人物衣服、肩部的位置进行了细微的调整。

　　最后将经过一系列径向渐变处理的照片与修改前的照片对比。一系列径向局部调色的处理使得观看者的视线更加集中在人物主体的面部，相对忽略了人物周围的环境，增强了整体画面的效果。

3.6 画笔局部调色

本节将介绍在 Lightroom 中如何使用画笔工具进行更细致的局部调整。

本节知识点

◆ 设置创建画笔调色。

◆ 使用画笔局部调色。

首先分析一下本节使用的照片存在哪些问题。因为拍摄环境的光源是自然光，窗户外有一些绿树等，所以照片的色温有一点点偏绿，需要稍微调整一下色温。画面整体的光线效果以及氛围已经不错了，但是从局部来看，人物皮肤的亮度需要提高，使皮肤变得更通透一些。人物身后的楼梯上有棱角的位置的亮度可以稍微降低一些，使其再暗一些。身后墙壁的位置的亮度需要再压暗一些，减弱对人物主体注意力的分散程度。

之前讲过径向工具以及渐变工具的使用，本节讲解画笔工具的使用。之所以使用画笔工具是因为在一些局部位置，如楼梯的棱角位置，如果单纯地使用渐变工具或者径向工具对其进行调整，不是特别方便。相比起来，使用画笔工具更加灵活，特别是调整整个人物的不规则的皮肤分布区域，画笔工具的灵活性的优势得以凸显。

调节白平衡，使画面色调偏洋红一点，色温偏黄一点。"曝光度""对比度"和"阴影"可以调高一些。由于人物头发部位的颜色已经足够黑了，不用调整"黑色色阶"。

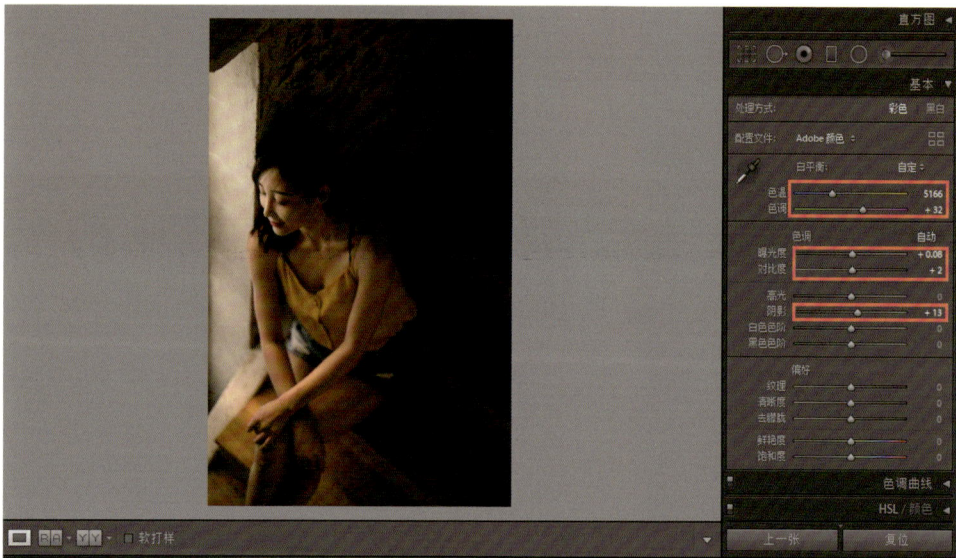

接下来使用画笔工具进行调整。点开画笔工具的界面，画笔工具的界面跟径向以及渐变工具非常相似。皮肤的亮度需要提高，将"曝光度"以及"对比度"提高一点。将图像放大到合适的大小，使用画笔来画。画笔工具在画面中呈现的是一个中心点，外边有两个圆圈的形态，由里到外分别对应画笔的参数面板中的"大小""羽化"和"流畅度"这 3 项可设置参数。大小是指画笔整体的大小，羽化是指画笔工具的渐变过渡范围，流畅度类似于 Photoshop 中的流量。将画笔调节到合适的大小，开始刷人物的皮肤，所有的操作只应用于皮肤的位置，不影响其他的部分。

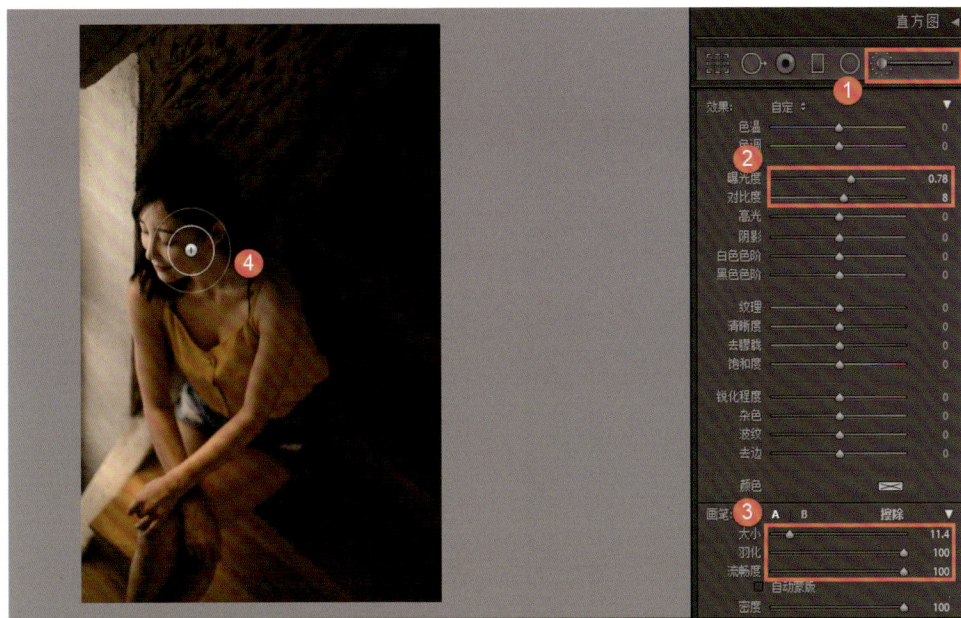

　　人物脸部的局部区域的高光有一点高，但是没有关系，之后再对这个区域做单独调整。因为画笔的边缘部分有过渡作用，所以效果不会特别生硬。画完之后，还可以调整参数。"曝光度"有点高，调低一点，将"高光"也稍微调低一点。

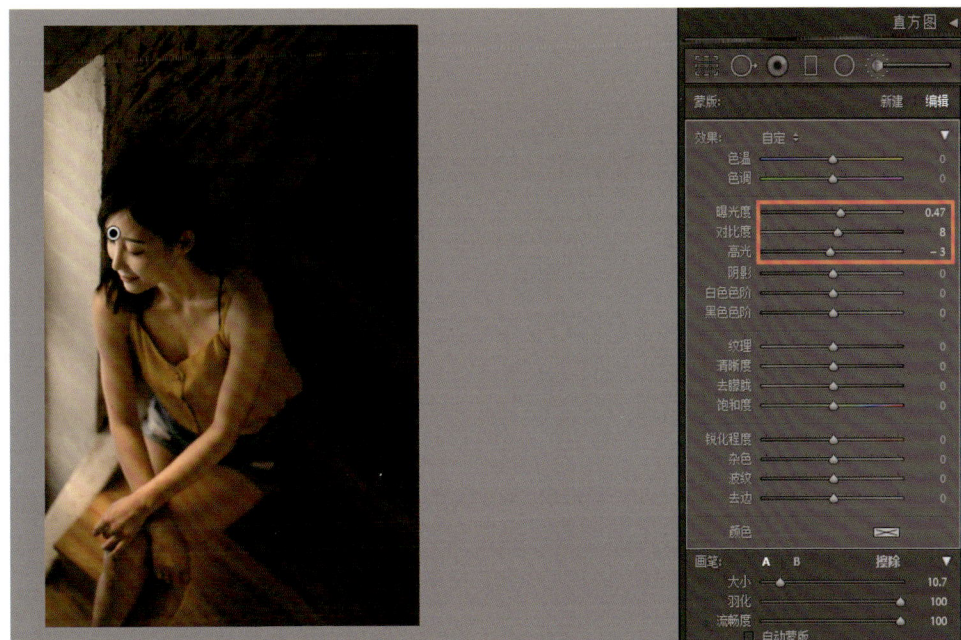

　　效果变化比较明显，皮肤部分有提亮的效果。因为处理的是皮肤部分，所以还可以适当地调低"纹理"，让皮肤变得更加柔和。对比修改前后的画面，可以看到皮肤亮度明显地提高了。

新建画笔，对楼梯边缘位置进行进一步压暗。稍微降一点"曝光度"和"对比度"，调高阴影。画完之后再整体调整。降低楼梯亮度的同时还要保留一点细节。

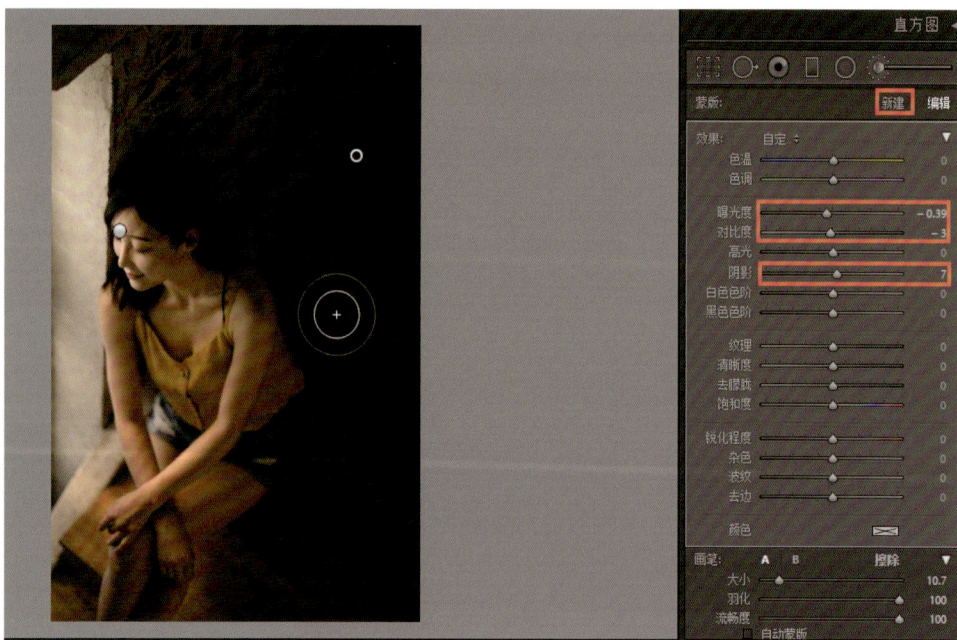

在处理楼梯的时候，画笔可能影响到人物手臂的部分。先选中处理楼梯边缘时用的画笔，单击右侧的"编

辑"，往下拉面板，单击"擦除"。现在画笔图标的中间变成了一个"-"号，表示可以减弱之前画笔施加影响区域的效果。所以如果担心画到了皮肤部分，就用这个方法，把皮肤部分简单地调整一下，这样压暗的操作就不会影响到皮肤了。

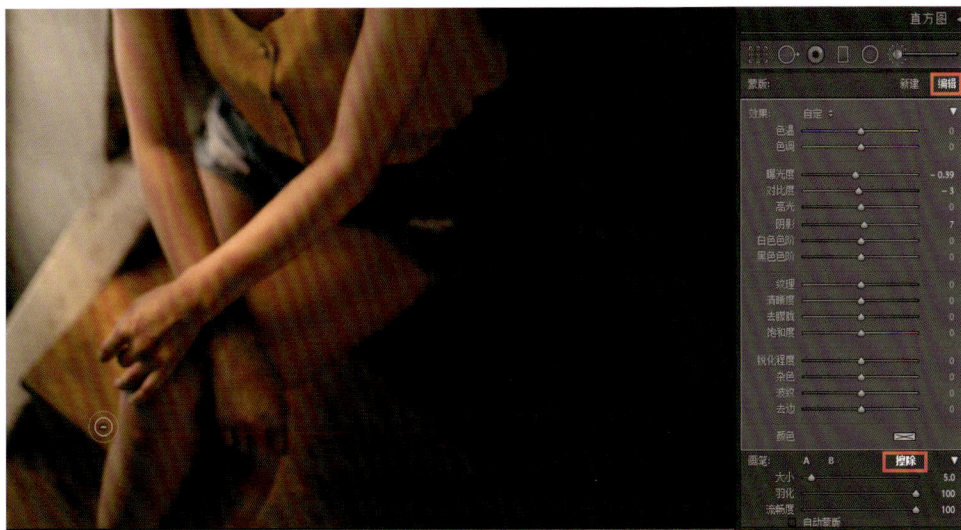

再新建一个画笔，处理人物上方的墙壁，将其压暗。可以直接使用之前画笔的设置。先用画笔大致地选出墙壁的区域，再做进一步的调整。将"曝光度""对比度"和"高光"调低一点，"阴影"调高一点。

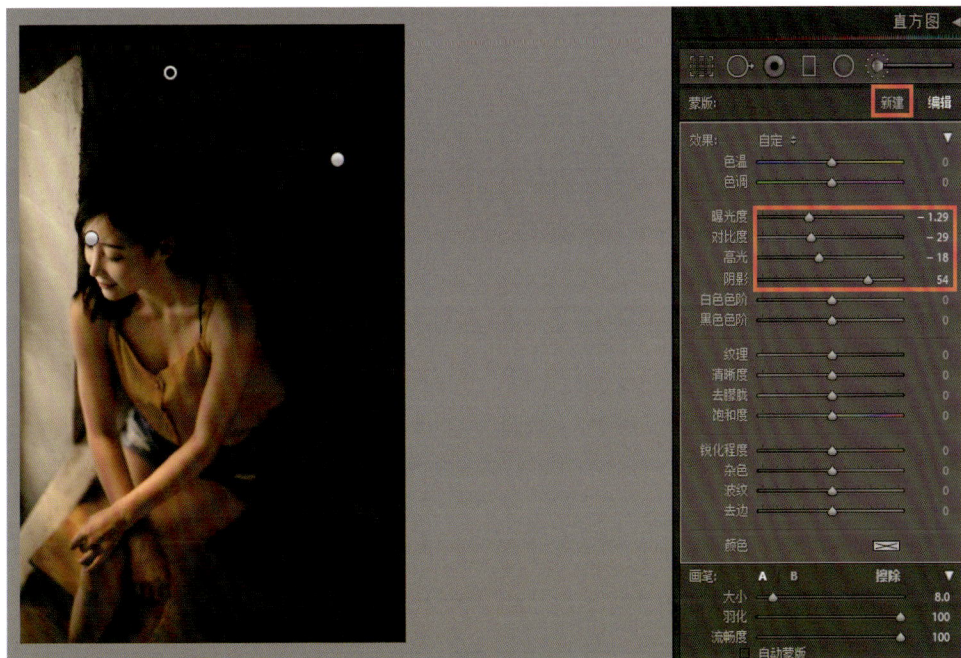

观察使用画笔工具调整前后的画面明暗的变化。调整后的画面压暗了一部分不需要太亮、太抢眼的背景，包括墙壁、楼梯等位置，又提高了整个人物皮肤的亮度，让人物主体更加突出。

修改前　修改后

3.7　综合调色案例

本节将通过一个实例来演示在 Lightroom 中使用之前学习过的综合调整和局部调整工具对照片进行调色处理。

本节知识点

◆　综合一级、二级调色增强画面效果。

打开 Lightroom，导入本节需要处理的一张照片。在画面的右侧有一些多余的物体，可以通过压暗的方式处理这些物体。人物的背景中有一些细节，但是由于光线是从人物的右侧照射到人物身上的，所以应将人物主体的亮度调高，在保留层次的基础上将背景适当地压暗一些。因为整体的光线非常柔和，不是很强烈的直射阳光，所以画面天然地有一种油画的静谧感。调整整体和局部，如压暗地面和背景，适当提高人物主体的亮度，以及处理衣服与短裤之间的色彩差异，使画面趋于和谐。最后综合地把这张照片处理成具有优化质感的作品。

　　整个画面的白平衡没有很大的偏差，按照优化风格处理，可以让白平衡适当偏暖。整体的曝光度不需要特意调整，将"对比度"调高一点，"阴影"也适当调高一点，让细节更多一点。

　　接下来对整体画面进行压暗处理。打开"色调曲线"面板，将"高光"调低一点，"亮色调"与"暗色调"调高一点，"阴影"调低一点。

进行渐变处理。画面右侧需要压暗，添加渐变，将"曝光度"调低。压暗的人物部分会通过后续调整处理回来。

再在人物后方的背景处拉一个渐变，调低"曝光度"和"对比度"，调高"阴影"。

画面的下方也需要压暗，调低"曝光度""对比度"和"高光"，调高"阴影"。

对比修改前后的照片，观察渐变处理前后画面的变化。

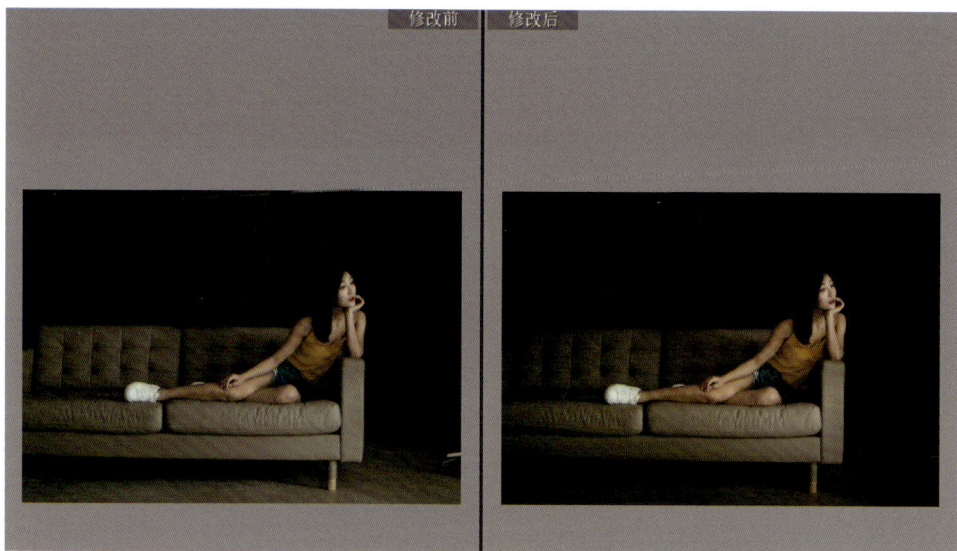

渐变处理完成后，画面右侧还是存在一些白色瑕疵，可以使用画笔工具，调低"曝光度"和"高光"，把这部分的瑕疵涂抹掉。

　　现在处理人物主体部分。添加径向滤镜，提高人物主体的亮度。按照人物的大致方向拉径向，提高人物的曝光度，因为人物的整体曝光效果比较好，所以不需要将曝光度提高太多。可以稍微地加一点颜色，调整一下色温和色调，使它们稍微偏黄、偏暖一些。再往上拉动径向，使得径向的中心在人物脸部的位置。

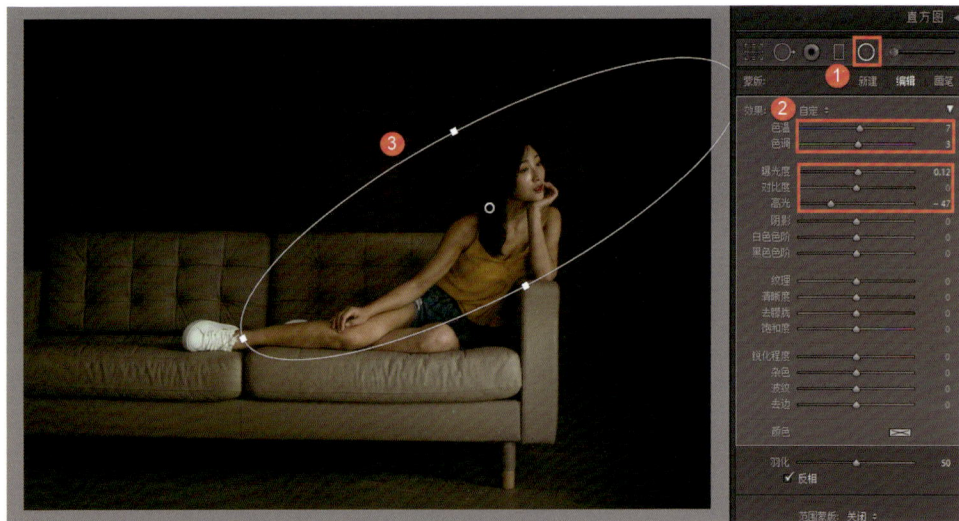

　　这里还有一个比较常用的小技巧，右击画面，从快捷菜单中选择"复制"选项，复制出同样的径向滤镜。稍微挪动新的径向滤镜，使其与原来的径向滤镜的位置稍有区别。

针对新的径向滤镜，取消勾选"反相"，这样，径向滤镜的作用就不再是使画面亮度从中间向四周减弱，而是从四周向中间减弱，这样，对应的参数就需要重新调整，不再提亮画面，而是压暗画面。调低"曝光度"和"对比度"，稍微调高"阴影"，以保留压暗后出现的细节部分。颜色部分还有一些偏差，为了对比就不需要让画面颜色再偏黄，复位色温和色调即可，只单纯地调节亮度。

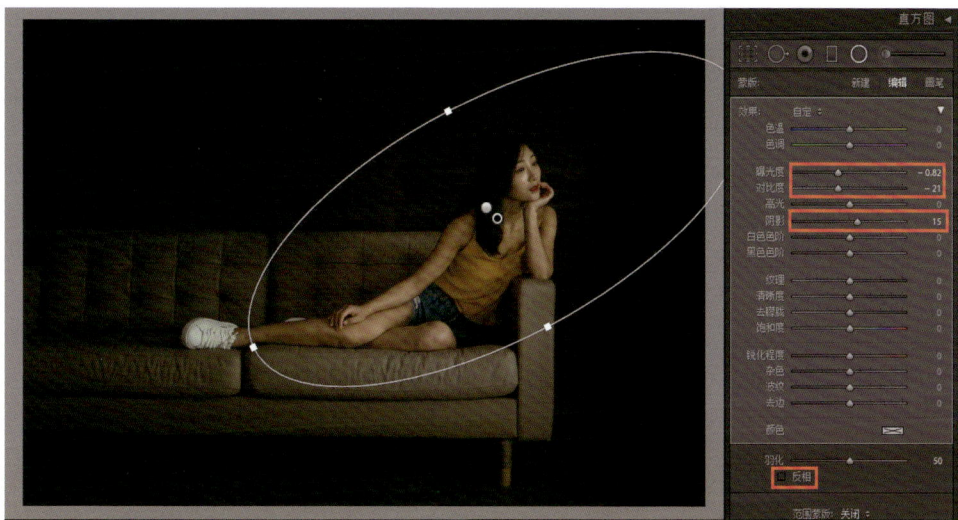

接下来再使用画笔工具对人物的皮肤进行进一步细致的调整。亮度方面可不再进行调整，人物的脸部是最亮的，亮度从脸部到上身再到腿部有过渡的效果。对人物进行磨皮，把"纹理"稍微调低一点，放大画面，在人物的皮肤位置画。不对亮度或者其他参数做调整，只是调节纹理。尝试将"纹理"调整到适当的数值，观察效果，再对人物皮肤的其他部分进行处理。

从整体上看磨皮的效果比较细微，只有从局部上看效果才比较明显。

在"HSL/颜色"面板中，人物衣服的黄色与短裤的蓝色之间有一些突兀，适当地调低蓝色的饱和度。同时，将蓝色的色相往暖色方向调一点，明亮度也适当调低。其他颜色暂时不调整。

使用分离色调工具对整张照片进行着色，调整整体的效果。想要使高光的位置，也就是人物皮肤的位置，产生油画的效果，那么画面的颜色需要偏暖一点。阴影位置可以适当加一点补色，即调节得偏冷色。调整"平衡"滑块使其偏向高光。这样，整个画面从高光到阴影就有了不同的着色效果，虽然效果细微，但是这个效果让整个画面的观感更好。从整体上看，画面也没有过度曝光。

　　暗部有一些黑阶的裁剪，但这是可以接受的。这些地方是前期画面中的一些瑕疵，通过压暗消除了，不会在画面中出现，所以这个黑阶的裁剪是没问题的。

　　到这里，对这张照片的修改操作基本上完成了。看一下这张照片修改前后的对比。

第 4 章

照片校正

摄影创作不同于一般简单的照片拍摄，正式的摄影作品应该有比较规整的画面形式，给人严谨认真而又灵活多变的感觉。受限于拍摄器材性能，我们在很多特殊场景中拍摄的照片不可能尽善尽美。本章中，我们将介绍利用 Lightroom 对照片进行全方位校正的技巧，具体包括照片裁切与二次构图、画面透视变形校正，以及通过镜头校正来修复几何畸变、色差彩边的缺陷。

4.1 裁切与构图

本节将介绍在 Lightroom 中如何利用裁切工具对图像进行重新构图。

本节知识点

◆ 在 Lightroom 中对画面进行不同景别的裁切。

◆ 通过裁切重新调整画面构图。

在 Lightroom 界面中，裁切工具位于画笔工具的旁边。单击裁切工具，在画面中会出现裁切框。

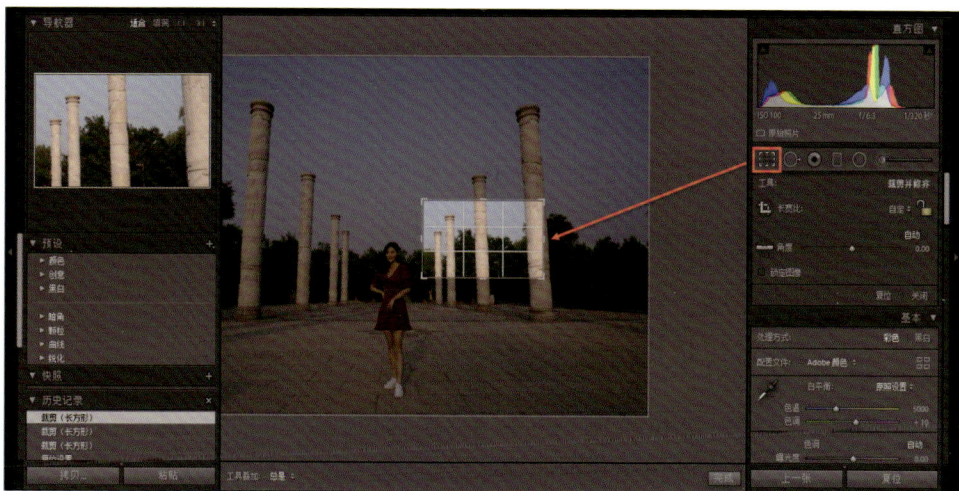

拉动裁切框的任何一个角或任何一条边，都可以调节裁切框的大小以及裁切的比例。

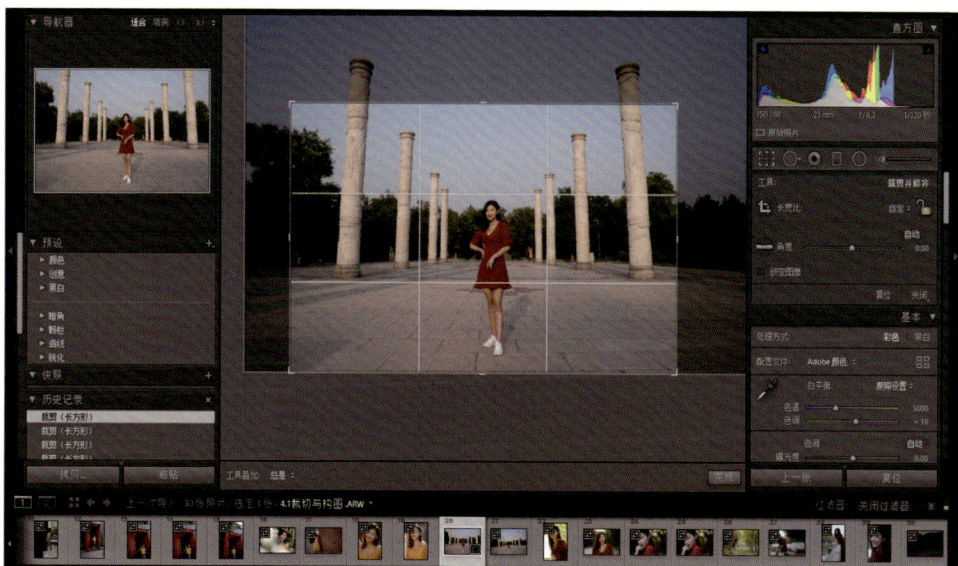

也可以移动裁切框，通过调节角度值来旋转它。

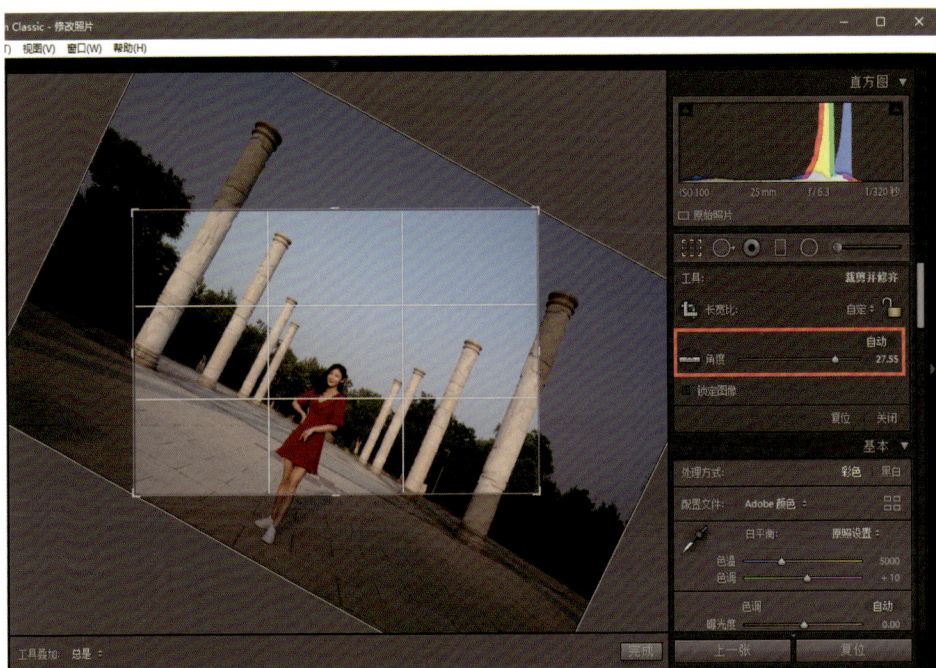

可在右侧工具栏中设置裁切框的长宽比，改变裁切框的比例，如5:7、16:9等，也可以将其调整为原始图像的比例。

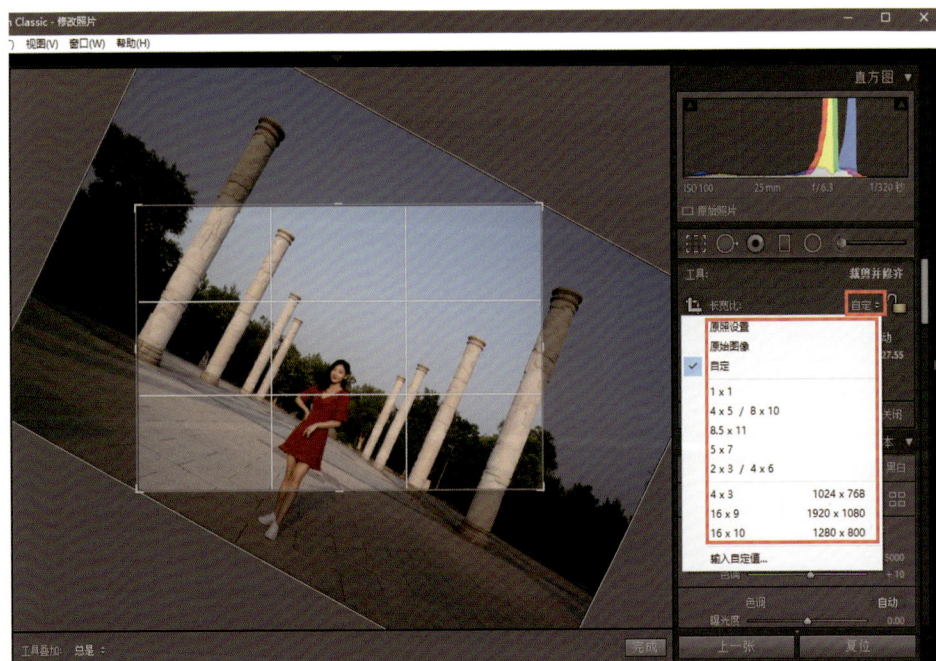

　　如果图像在水平方向或某个方向有偏移，则可以旋转裁切框，使裁切框内的图像处于正确的角度。单击"完成"按钮，图像就裁切完成了。

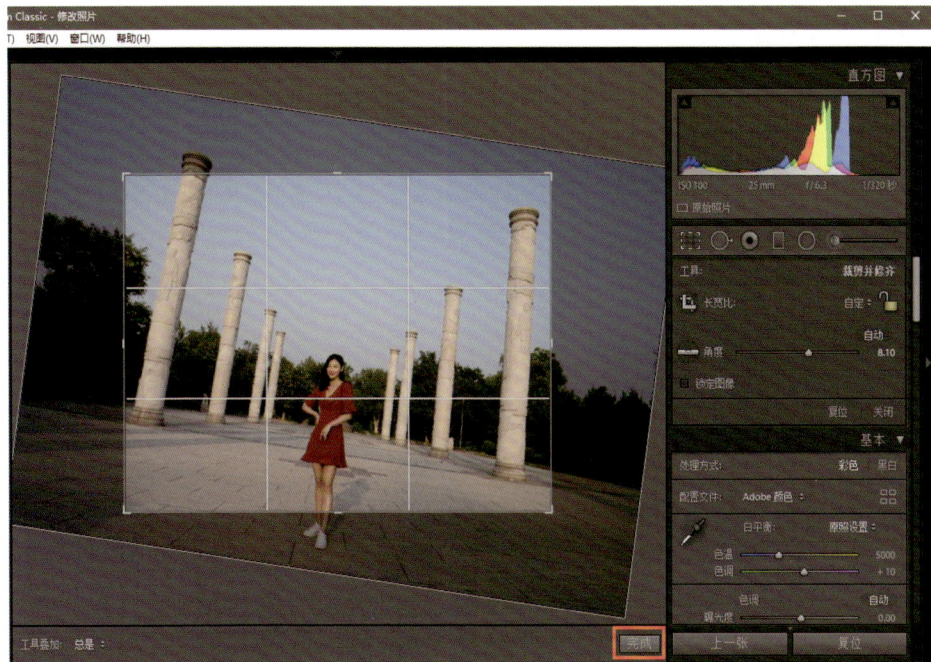

　　此时可以看到裁切完成后的画面。

　　如果裁切出现了错误，需要撤销操作，则单击裁切工具，然后单击裁切工具的"复位"按钮，这样就可以使图像恢复到裁切前的状态。

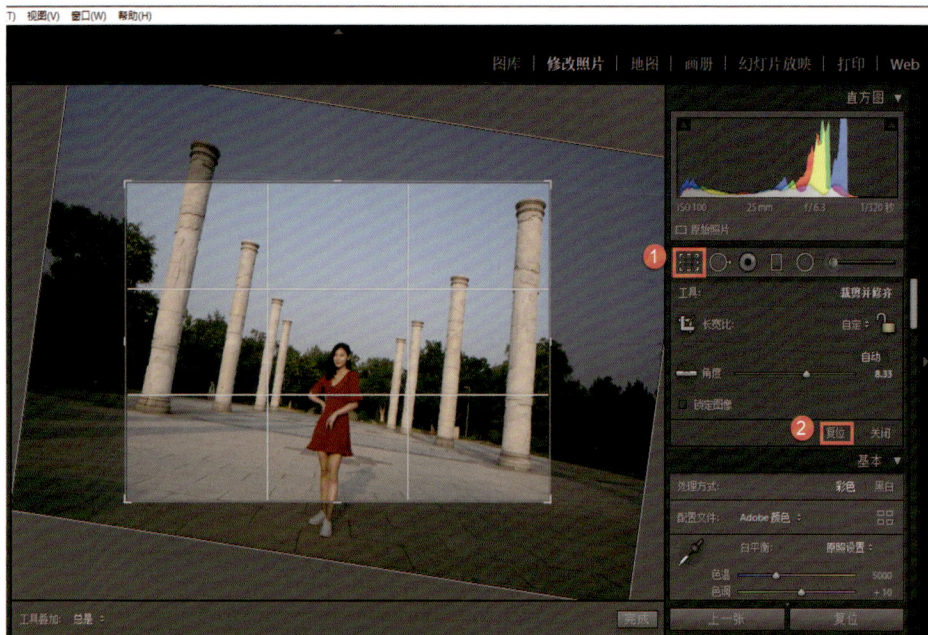

　　裁切半身或半身以上的身体部位时，需要避免一个很常见的错误，即在关节位置裁切，否则给人的观感会很差。

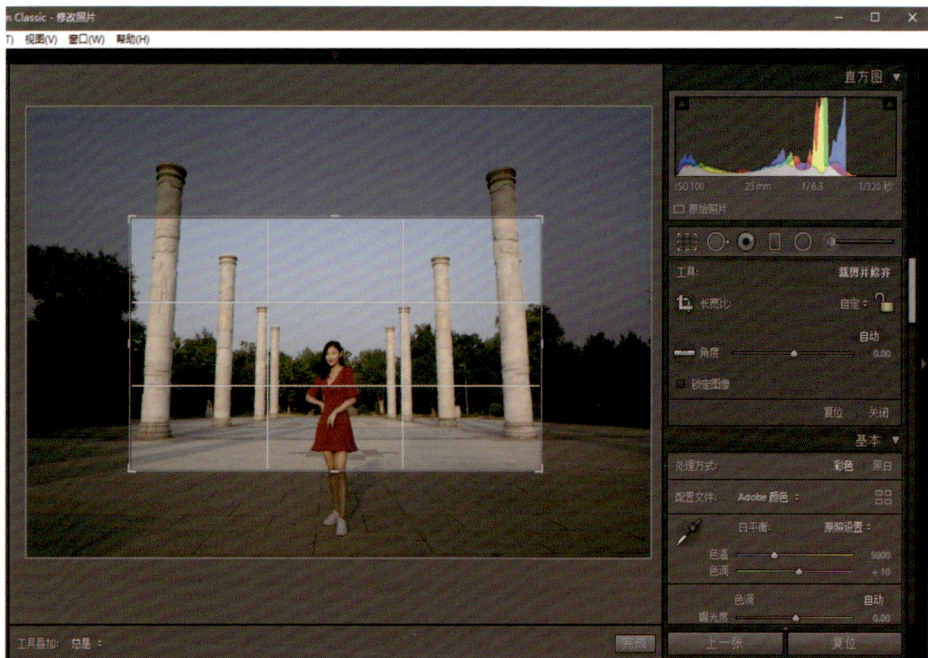

看一看在膝关节位置裁切后的画面，给人一种构图的残缺感，看起来非常不舒服。

这张照片上方的空间太多，显得很空旷，在裁切时将其裁除，让人物主体更加突出。人物出现在画面中间会显得太板正，这时候，可以利用九宫格，使用三分法，对图像重新进行构图。在突出人物主体的同时，也要避免背景裁切的错误。设置裁切框的长宽比例及位置时，注意保留人物身后的部分柱子。这些都是裁切人像照片的一些常见的注意事项。

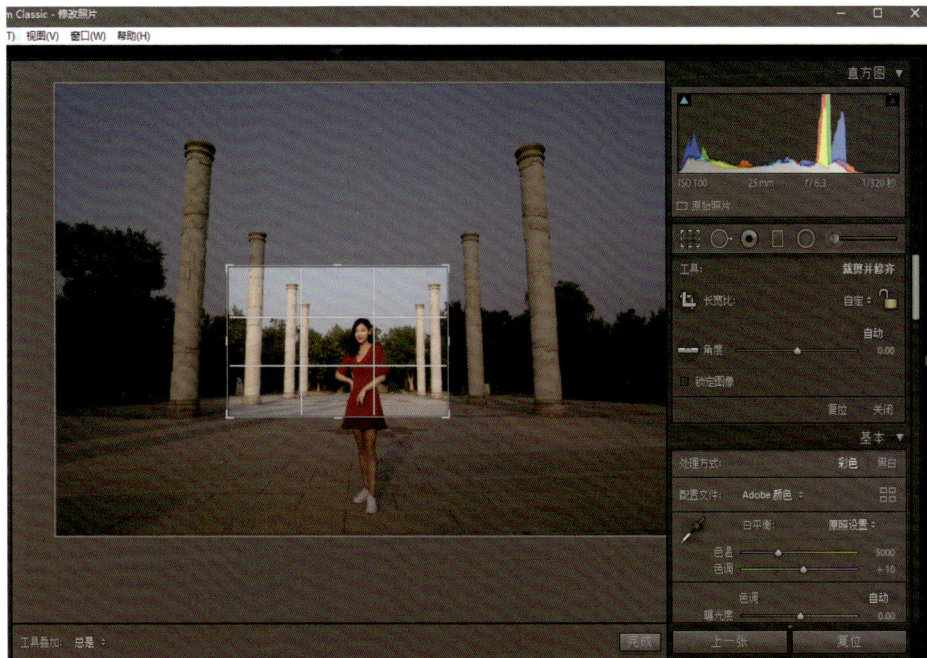

再次裁切后的画面效果。

在裁切近距离特写的照片时，同样地，使用裁切工具，把裁切框缩小到只包括人物主体，可以在导航器中预览裁切后的照片大小。

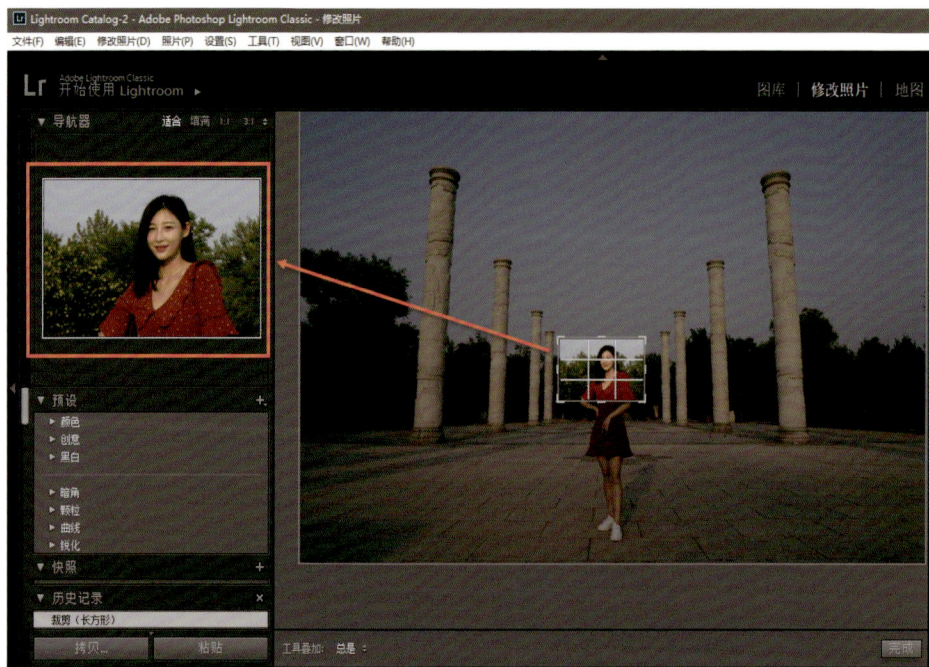

一个初学者拍摄时易犯的错误就是在特写画面中，将人物上方留白过多。在近景拍摄中，人物上方的空间尽可能地留小一些，只需要留一点点的空间，或者可以稍微裁切一点人物的头部。

特写景别裁切完后，将画面调整到 1:1 的比例，它的实际像素相比原图的像素低了很多。

换句话说，进行裁切操作后图像一定会损失像素，裁切框外的像素都损失了。

在这个例子中，我们主要讲解的是裁切工具的一些基本用法。通过本节的学习，可以发现裁切工具的使用还是非常简单的，大家可以在 Lightroom 中自己试一试。但是，最重要的是如何确定裁切的景别与效果，这是一个非常重要的问题。大家在拍摄实践与后期修图的练习中，需要不断地提高自己的构图意识与感觉。

我们可注意到，本节中的示例照片中的柱子多少有一些倾斜，4.2 节将讲解如何对倾斜进行校正。

4.2 校正透视变形

本节将介绍使用 Lightroom 进行图像校正的一些基本操作。

本节知识点

◆ 使用 Upright 工具栏，对画面进行自动校正。

◆ 通过变换操作，手动对画面进行校正。

案例 1

本节使用的第一张照片与 4.1 节的照片大致相同，但是本节使用的照片中的水平线不直，有点歪，这也是许多摄影初学者经常犯的一个错误。但对这样的错误进行校正也比较简单。

在 Lightroom 中，打开变换工具栏。运用变换工具里的选项设置就可以在后期对图像进行校正。

现在需要进行水平校正，单击"水平"按钮，这样图像的水平方向就校正了。同样地，如果需要垂直方向的校正，则单击"垂直"按钮。

一般情况下，一张照片如果没有特别大的问题，单击"自动"按钮后，工具会自动地对水平和垂直方向进行校正。

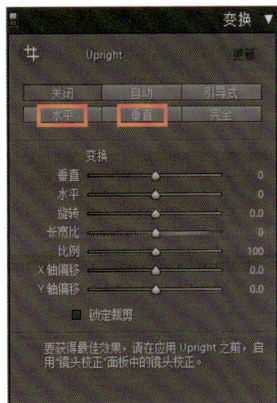

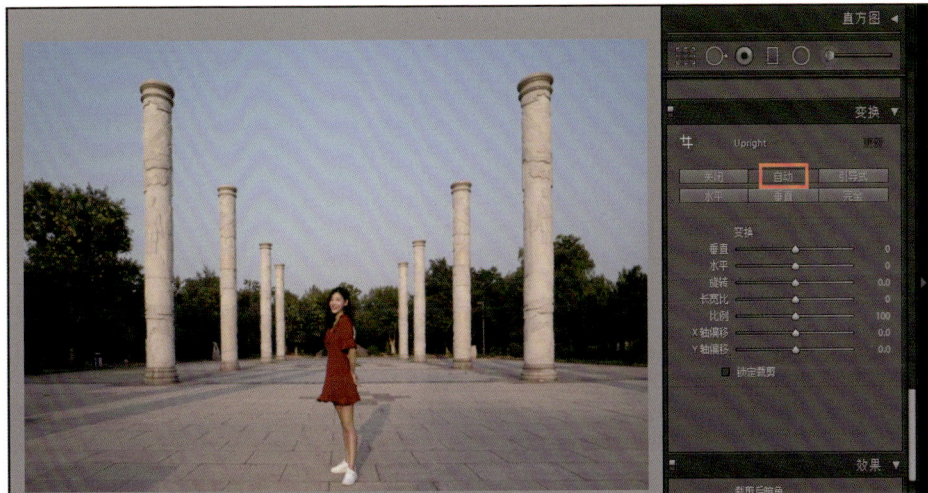

单击"完全"按钮，其实也能达到相同的效果，让图像在水平、垂直和线条等方面都得到校正。

现在讲解一下变换工具中的"垂直""水平""旋转""长宽比""比例""X 轴偏移"以及"Y 轴偏移"，这些选项提供了滑动式的操作，可以手动调整这张照片的效果。调节垂直参数，向左或向右拖动滑块，可以看到图像有了相应的变化。

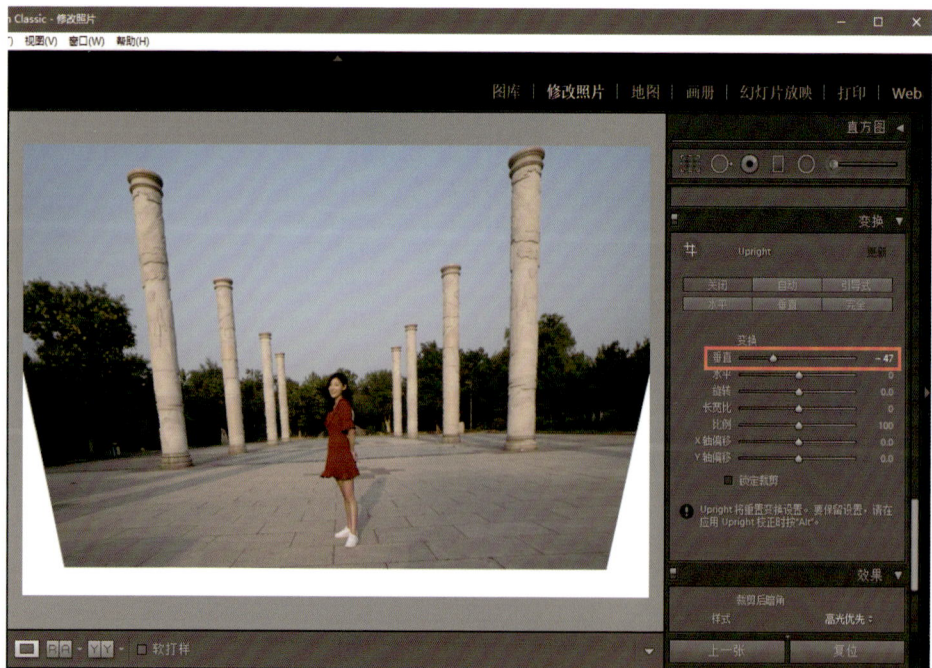

双击"垂直",可以复位。

调节水平参数也是对图像进行类似的操作。

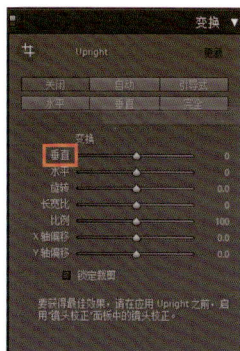

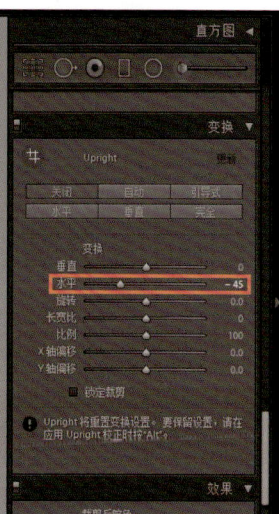

调节旋转参数也是如此。

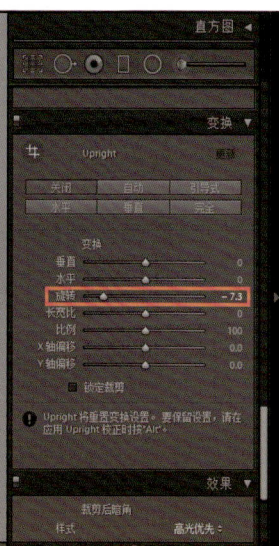

"长宽比"用于拉伸图像或者压缩图像，把图像拉得更高或压得更宽都可以。

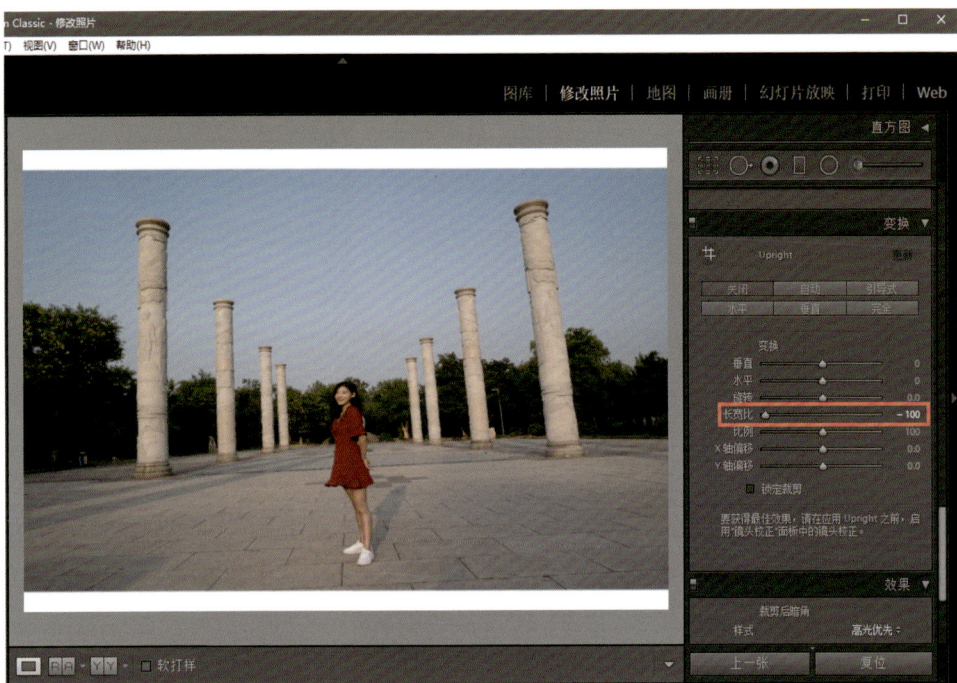

"比例"其实就是用于缩放图像。

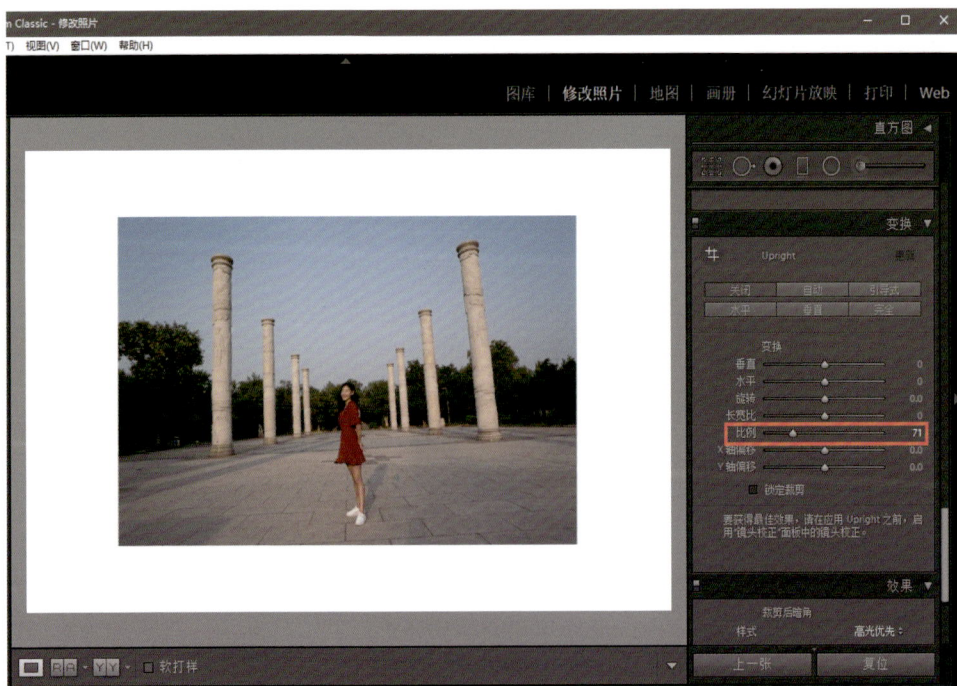

　　X 轴、Y 轴偏移也是一样的。"X 轴偏移"就是用于左右，即水平方向，调节偏移。

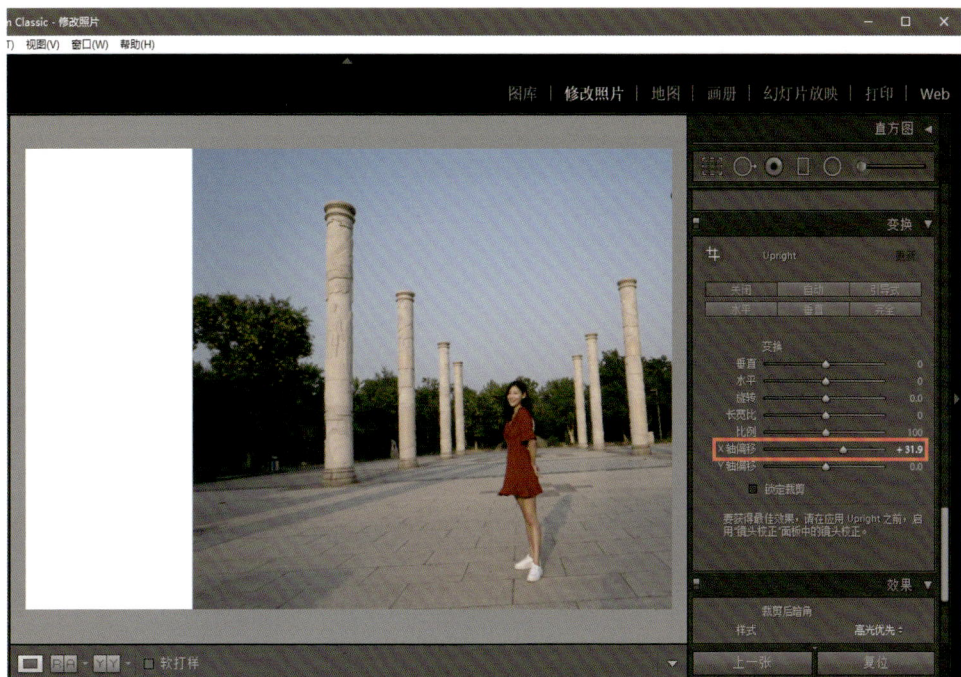

　　"Y 轴偏移"就是用于上下，即竖直方向，调节偏移。

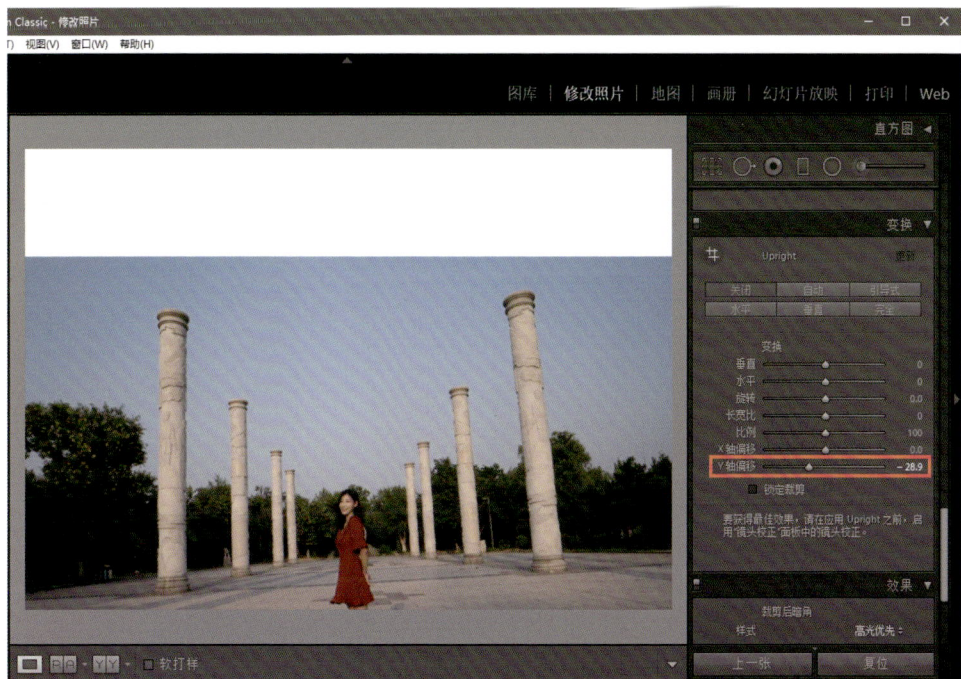

　　我们可以通过以上的 7 个选项参数来手动调整一张图像的变形效果。先前的"自动""水平""完全"等选项是一些自动调整变形的选项。

　　我们把比例调小，再通过调节其他选项，来观察 Lightroom 可对图像进行的处理及图像相应的变化。单击"水平"按钮，可以看到整个图像被拉伸了，相应地调整了水平线的方向。

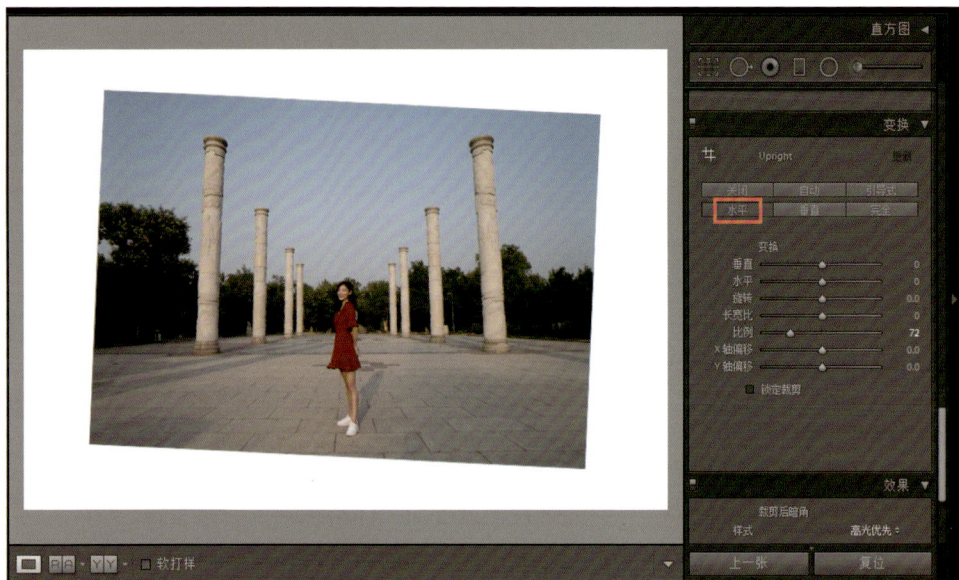

　　垂直校正也是一样的效果，图像也被拉伸了，相应地把垂直方向的线条也做了一定的校正。

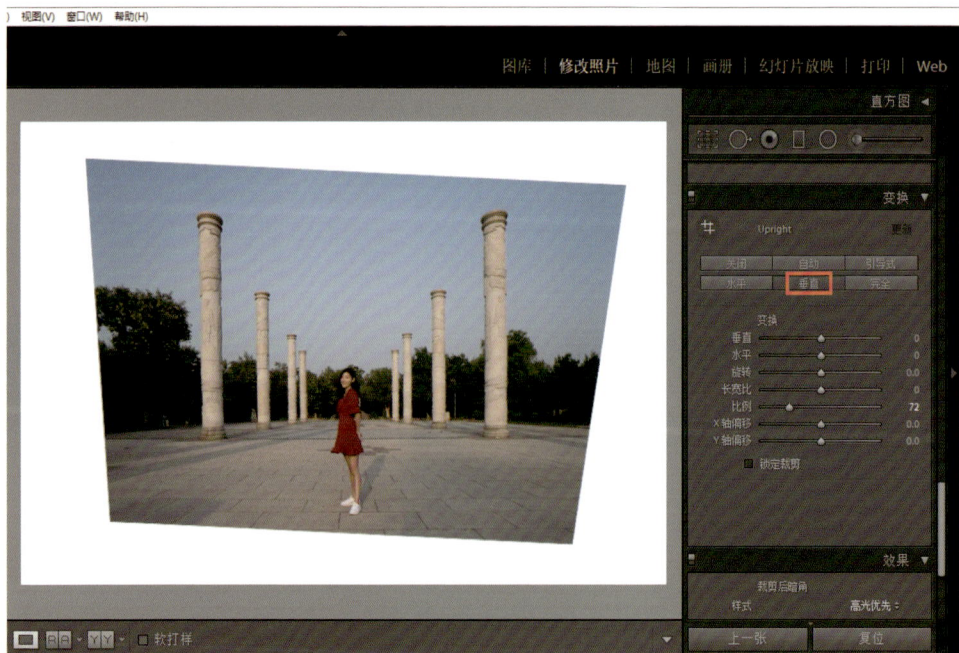

　　如果把比例缩放回原来的 1:1，那么此时的图像效果就是先前所看到的校正效果，但实际上 Lightroom 对图像进行了拉伸等一些自动化处理。运用"自动"选项与"完全"选项调整的效果是类似的，因此，大部分的情况下，可以通过这两个选项来解决一些校正的问题。当然，如果自动化处理完后，发现有一些问题，也可以继续进行手动调整。例如，在"完全"自动调整后，图像在垂直方向上有一些问题，则可以手动调节垂直参数来进行校正。

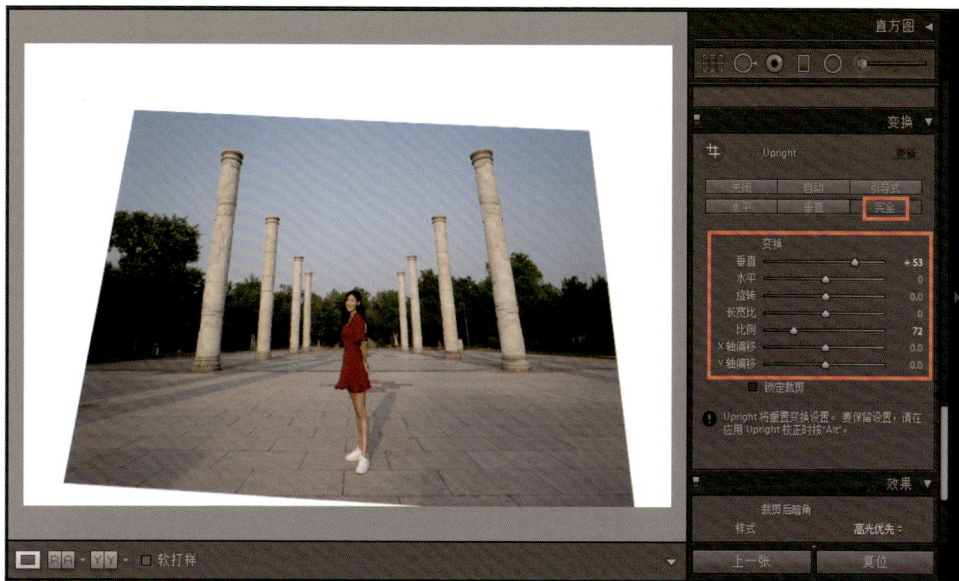

　　在"自动"校正完后，水平与垂直方向都进行了校正，但是人物由于透视关系的变化，身高显得不如原来高了，身材也不如原来修长了。在这里，可以利用一个小技巧，把长宽比参数对应地调整一下，把图像在垂直方向上进行拉伸，也就是在水平方向上进行压缩。这样，人物的身材会显得更修长一些。

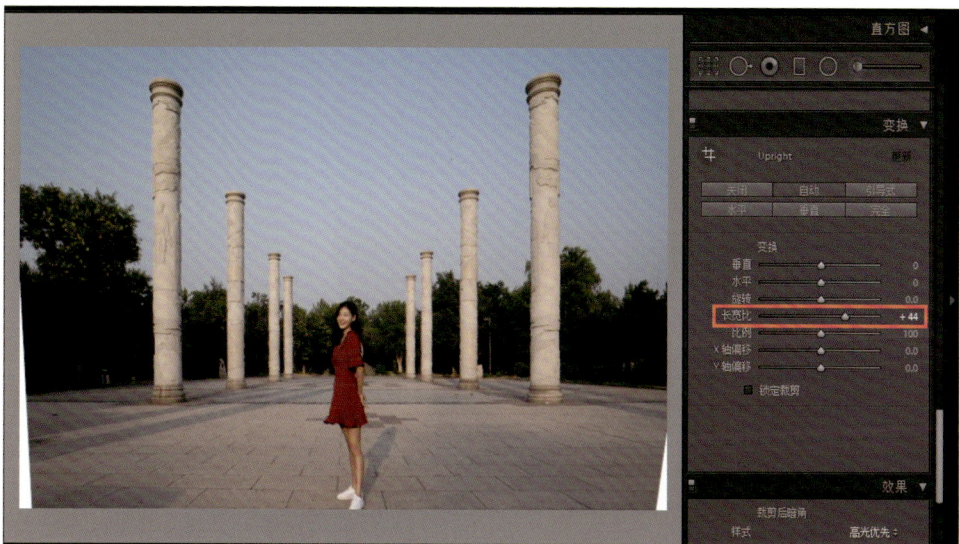

另外，经过变换后，从构图角度来看，图像已经裁切到人物的脚了，这种全景照片一定要避免切到人物的脚，人物的脚以下一定要留出一部分空间。这个时候，可以调整 Y 轴偏移，让图像整体向上移。

缩小比例，图像校正后的效果如下。

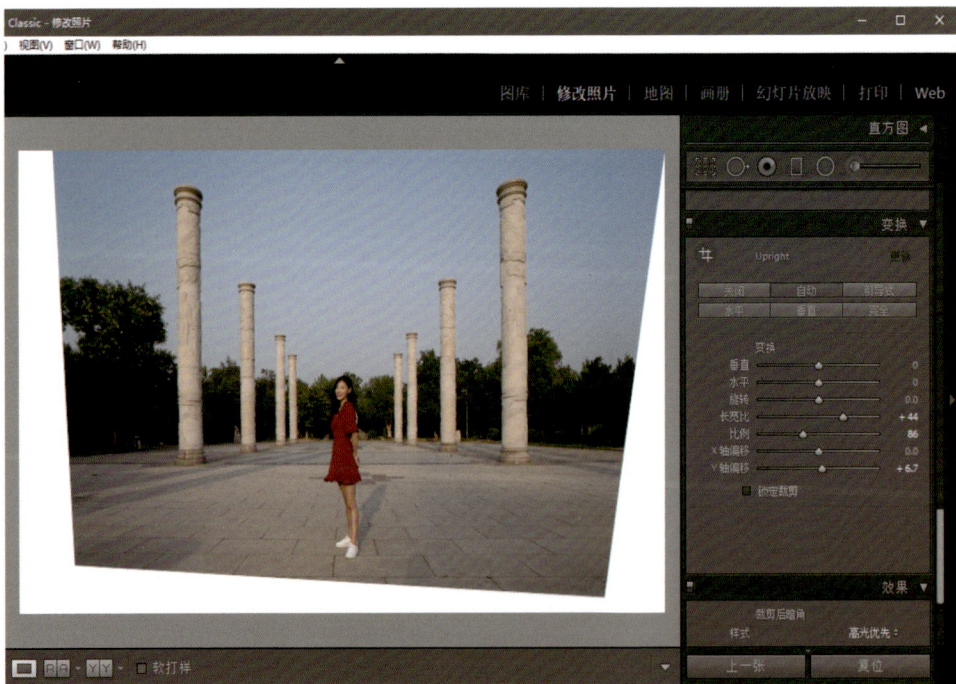

　　如果恢复到 1:1 的比例，画布在对应的位置会有一定的空白缺失。处理这些缺失，需要结合 4.1 节的内容对图像进行裁切。还有另一种方法，在"变换工具"面板里，有一个"锁定裁剪"选项，勾选该选项，它会自动地把画布之外多余的部分裁切掉，这样图像就被裁切到一个比较理想的大小。

案例 2

　　再来看一个例子。在这张照片中，门框在竖直方向以及水平方向都出现了一些变形。

　　一般来说，针对这些问题，可以直接尝试一下"自动"或者"完全"校正的方法。

　　"自动"校正的效果如下。

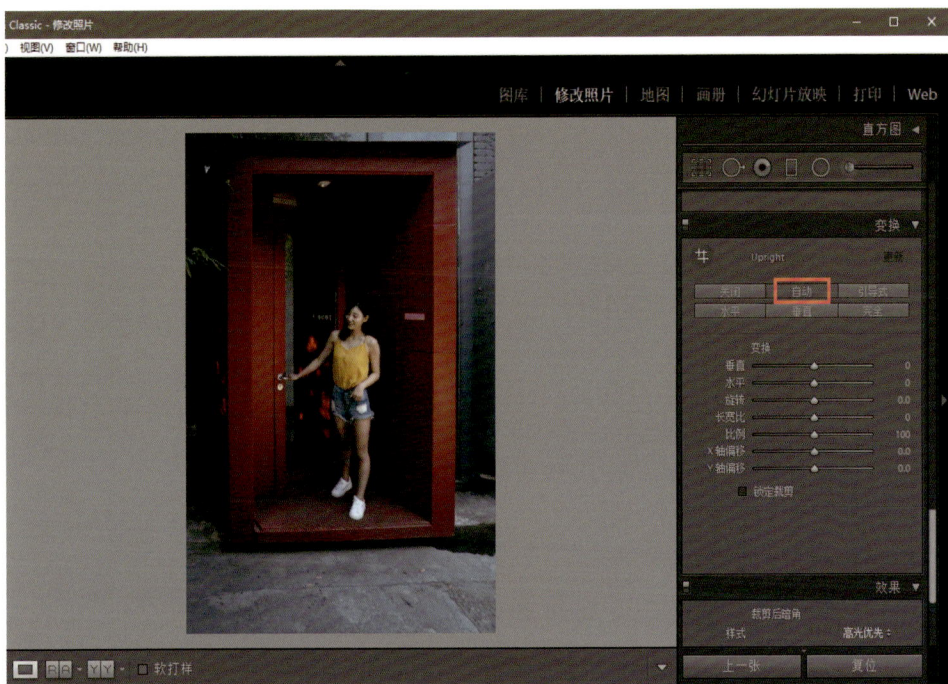

"完全"校正的效果如下。

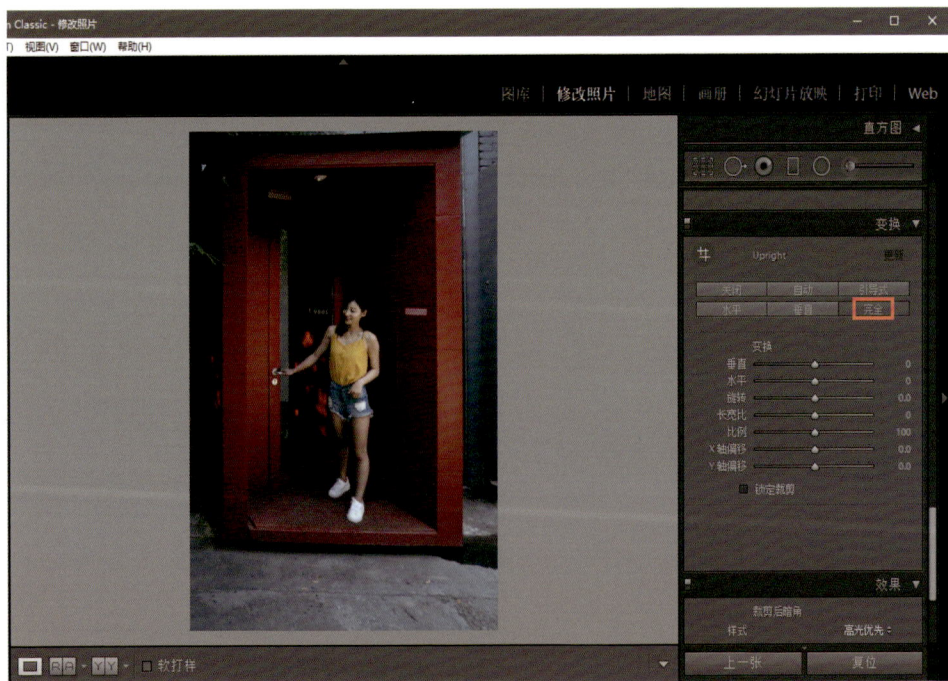

"完全"校正的效果并不是特别理想，"自动"校正的效果大体上还可以接受，但是多多少少还存在一些扭曲变形。出现这种现象的原因，一是软件本身自动变换算法，二是实际建筑线条不一定特别水平或者垂直。如果用这些自动或手动的调整都不能达到特别理想的效果，可以使用"引导式"选项。

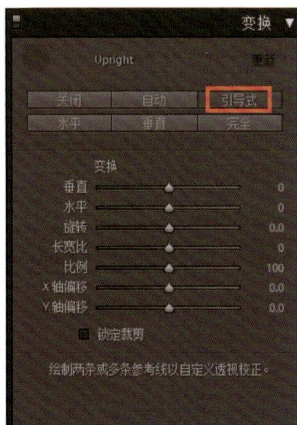

首先，把图像放大，然后单击"引导式"按钮，找到图像中应该是直线的地方，画出直线的大概位置。

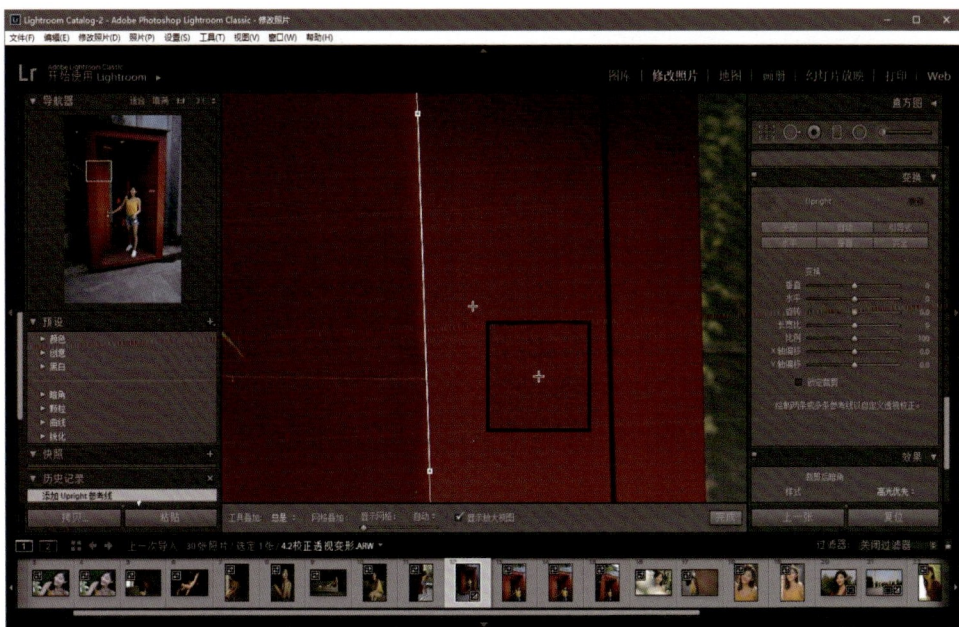

按空格键可以变换光标，移动图像，找到下一个直线的位置，画出一条直线。可以看到，这个门框的轮廓线并不是水平的，而是存在一些偏移。

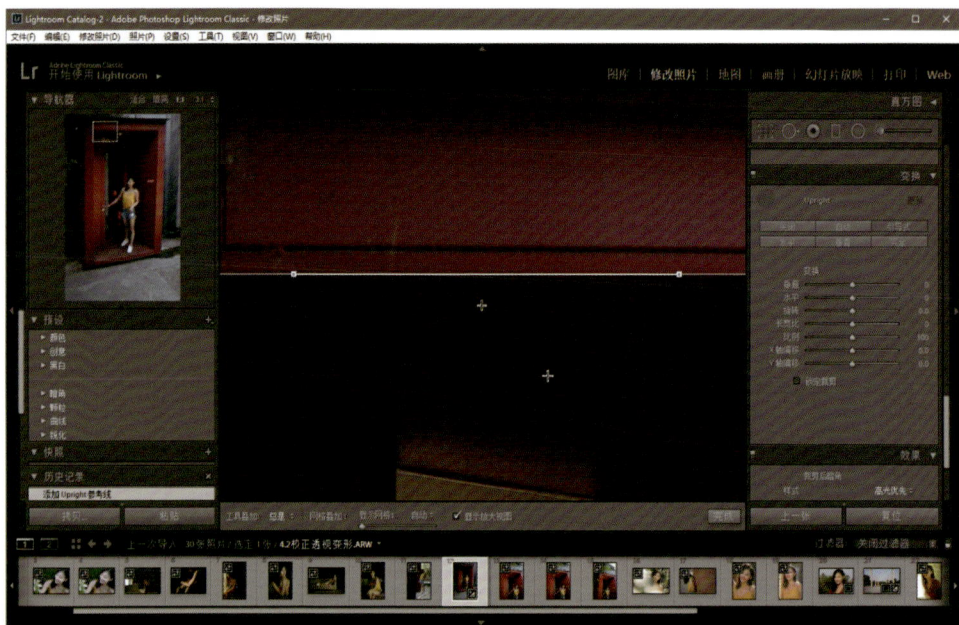

在"导航器"面板中，可以看到整个图像的左上方已经得到了一定的校正。继续对门框的横边与竖边进行引导线的操作。

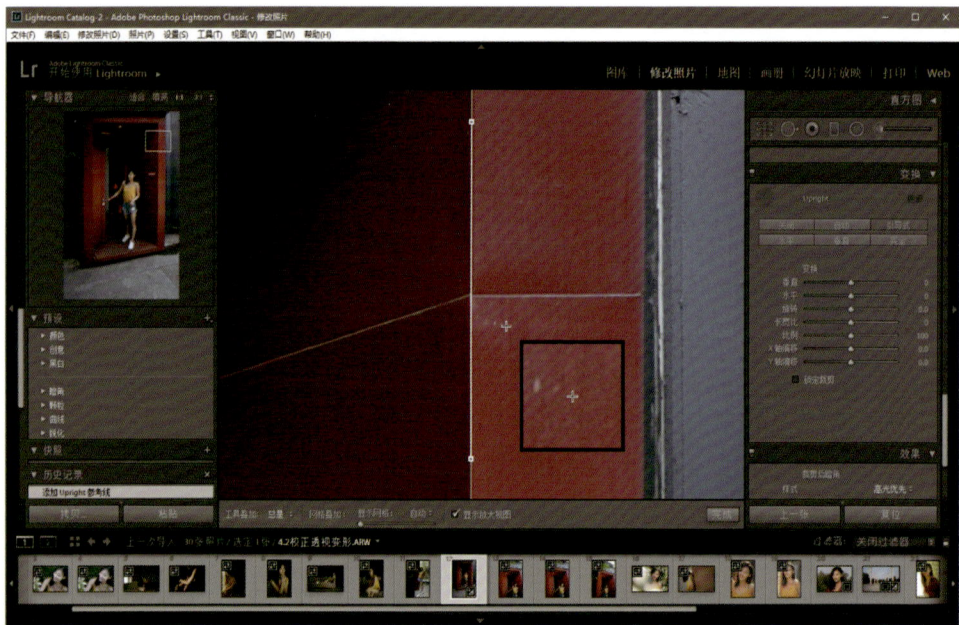

先对这条竖边进行校正，然后对底边也进行校正。单击"完成"按钮。

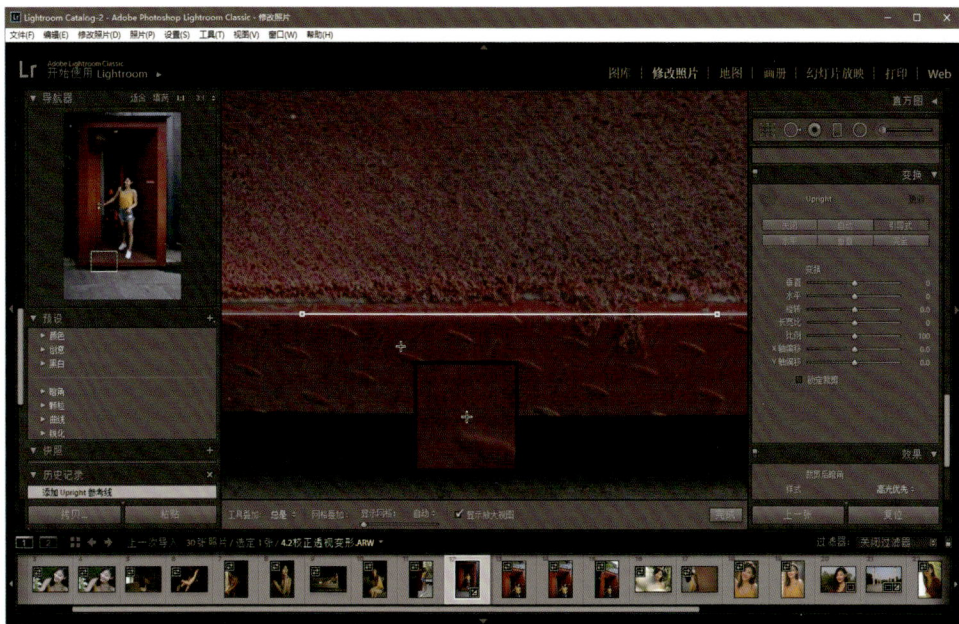

　　回到完整的视图，可以看到校正后的效果。如果画面中有水平或者垂直的一个框架，则可以通过引导线对它手动地进行比较精准的校正。把比例缩小些，可以看到 Lightroom 根据刚才所画的线条，对整个图像进行了变换处理。这是校正图像的一种新方法。

4.3 镜头扭曲与紫边（或绿边）处理

本节将介绍在 Lightroom 中镜头校正与扭曲相关的一些操作。

本节知识点

- ◆ 用镜头校正工具修复镜头产生的扭曲。
- ◆ 用去边工具修正画面中的紫边现象。
- ◆ 为图像添加暗角。

打开 Lightroom，找到要处理的人像照片。

打开右侧工具栏中的"镜头校正"面板。

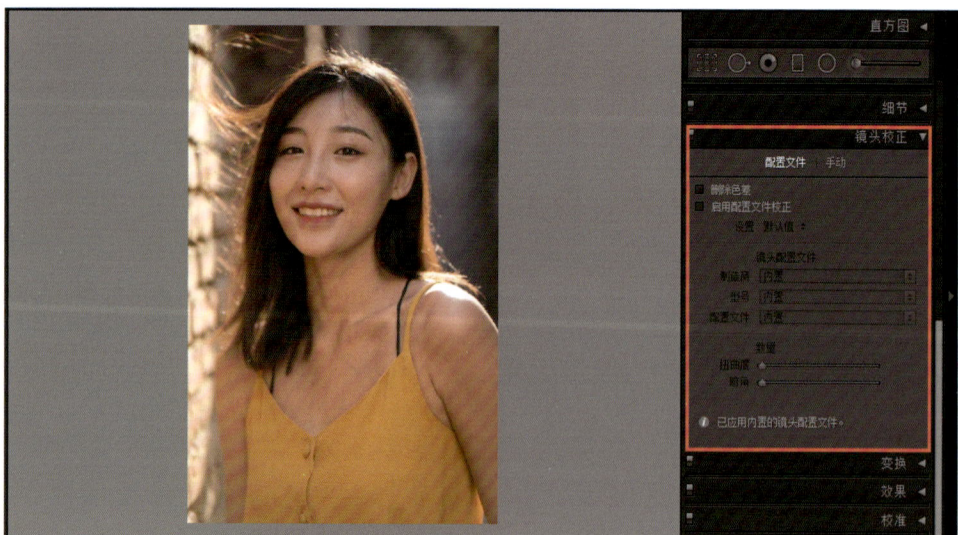

默认有"删除色差"和"启用配置文件校正"这两个选项，一般来说可以直接把这两个选项都勾选上。

几何扭曲的调整

此时可以看到镜头配置文件加载进来了，拍摄这张照片使用的是索尼的 FE 85mm F1.8 镜头。Lightroom 会自动载入大部分市面上已经存在的镜头及其信息。

自动载入镜头信息之后，Lightroom 会根据镜头的配置信息，对画面进行校正，主要是进行晕影和几何畸变的修复，所谓晕影，实际就是指对暗角进行一定的修复。

这是不启用配置文件校正的效果。

这是启用配置文件校正的效果。配置文件校正启用后，软件会自动修复镜头产生的扭曲及暗角。

也可以通过手动的方式继续对照片进行处理。如改变"扭曲度"的数值，可以看到图像有一些细微的变化。

改变"暗角"的数值，效果会更加明显，变化都很直观。增大"暗角"的值，图像周边都被调亮；减小"暗角"的值，图像周边都被压暗。

现在介绍一些可以添加创意的修改工具。切换到"镜头校正"面板的手动选项。

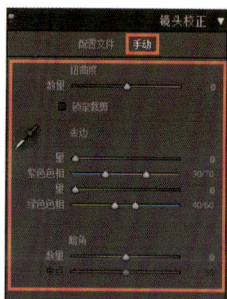

第一个是"扭曲度"，此处的扭曲度与配置文件中的扭曲度不同，后者根据镜头的配置文件自动地进行修复和校准，而前者可赋予操作者更大的调整扭曲度的空间。

减小扭曲度，图像会发生类似桶状的变形，而增大扭曲度，图像会发生类似枕状的变形。

对于人像照片来说，尤其是这张人像特写，一般会选择增大扭曲度，这样一来，画面中的女性会显得更瘦、更好看。

扭曲度增大到极限的时候，背景的部分也同样会被压缩。不过，好在这张照片的大部分背景都是虚化的，包括左边的墙壁。虽然墙上的线条产生了变形，但是由于墙壁的大部分在景深之外，虚化之后，这个变形的效果不会使观感变差。

但是，如果把线条拍得很实的话，在调整扭曲度的时候，就需要考虑和把握调整的度，调得过高或者过低都会使画面显得很假。

调整到合适的扭曲度之后，照片的四周会出现 些白色的边角。这里可以使用4.2节所讲的锁定裁剪，勾选"锁定裁剪"选项，软件会自动裁切画面。

如果要关闭自动裁切功能，取消勾选"锁定裁切"选项即可。

色差的调整

逆光拍摄照片时，画面中一些半透明或者透明的物体的边缘会出现一些紫边或者绿边。近年来，由于数码技术的不断提高，以及光学镜头制造技术的不断提升，出现紫边和绿边的现象已经减少了很多。

下面介绍如果画面中出现了紫边和绿边，该如何进行操作。回到案例中，放大照片可以看到人物头发的细节，一些纯白的地方，出现了紫边和绿边。我们可以使用去边工具，适当地去除紫边和绿边。

软件可自动识别出紫色色相和绿色色相的范围，只需要向右拖动相应的滑块，紫边和绿边就能基本上消失了。

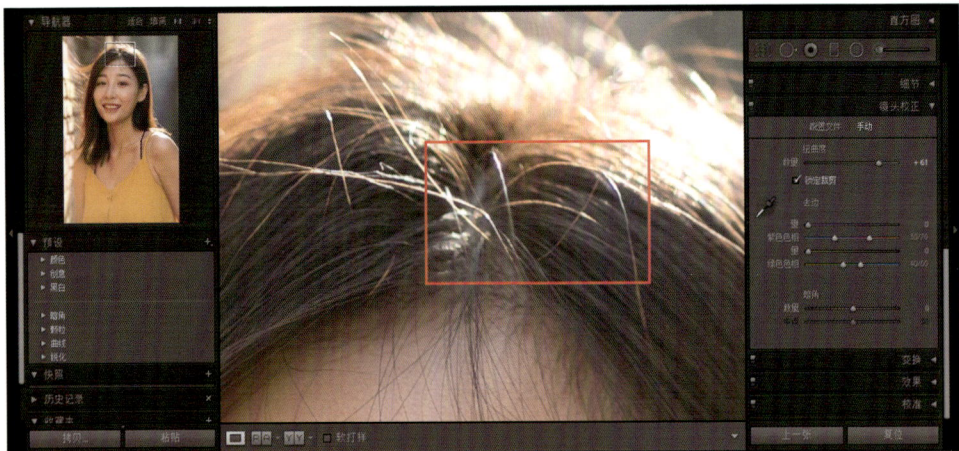

另外，也可以手动地适当调节紫色色相和绿色色相的范围，去除效果可能会好一些。这些操作基本上可以去除大部分影响画面效果的紫边和绿边。

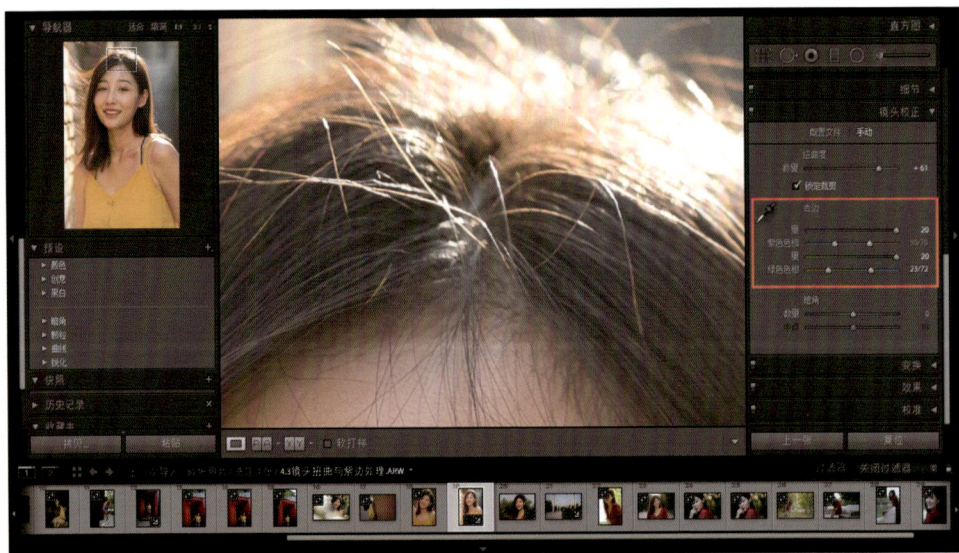

可以通过手动拖动"暗角"中的滑块来进行调整，以获得理想的效果。

关于暗角，要注意，在拍摄一张照片和处理一张照片的过程中，最后是要消除所有的暗角还是要保留所有的暗角，没有一个标准，这取决于想要这张照片最终达到的效果。千万不要觉得暗角的消除与否有标准的答案，一定要消除每一张照片所有的暗角，或者保留所有的暗角来达到压暗主体周围的效果，这两种思维都是不可取的，我们的注意力应更多地放在主体上。最重要的还是要想象一下拍摄的照片到底适合哪一种效果，并根据自己想要的效果进行考量。

就示例照片而言，相对于添加暗角，消除暗角或者可以理解为添加白角，能让画面更亮一些，这样画面的效果可能会更好。

当然，这与个人的修图习惯有关，没有一个固定的标准。

按快捷键<Y>，对比一下这张照片修改前后的效果，效果提升还是比较明显的。对镜头扭曲进行调整之后，画面中人物看起来会更舒服一些。

第 5 章

修复照片瑕疵，提升照片画质

镜头上的污渍、感光元件上的灰尘，都可能在拍摄的照片中留下污点。另外，拍摄场景中的一些杂物也可能对主体形成干扰，如人物面部的污点、风光类照片中杂乱的电线等。针对非常明显的污点和瑕疵，我们可以在后期用软件进行很好的修复。

本章除介绍上述内容之外，还会讲解优化照片画质的降噪与锐化功能，以及通过添加颗粒和暗角来提升画面效果的技巧。

5.1 污点去除

本节将介绍如何在 Lightroom 中去除污点以及瑕疵。

本节知识点

◆ 通过污点去除工具去除人物皮肤瑕疵。

◆ 通过污点去除工具去除画面中的污点及不需要的物体。

打开 Lightroom 导入需要处理的照片。

放大人物的面部，可以看到人物的面部有一些斑点，可以使用工具栏右侧的污点去除工具对这些斑点快速地进行修复。光标放在画面上，会变成污点去除工具的画笔。

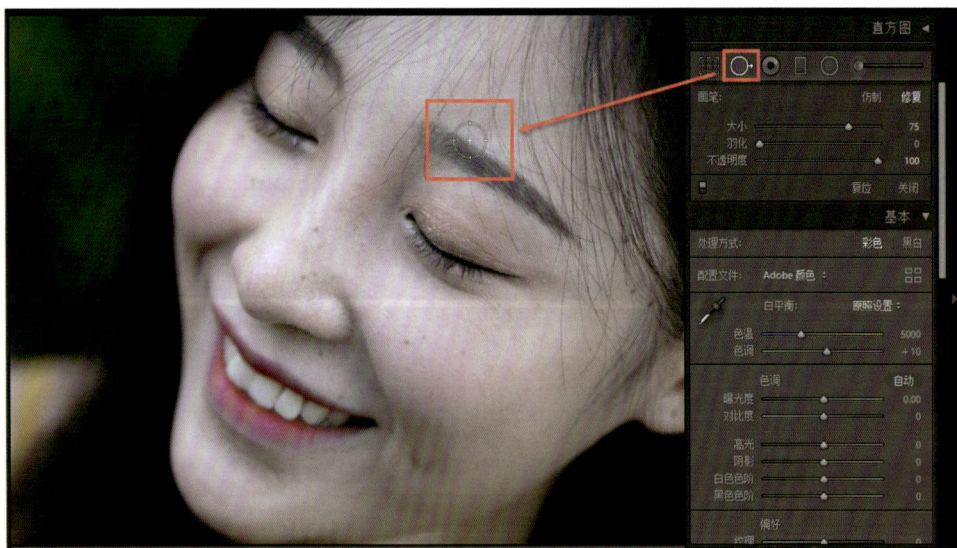

　　通过右侧的选项，可以调节画笔笔尖直径的大小。"羽化"是指画笔调整的区域与周围未调整区域之间的渐变效果的软硬，羽化数值越高，渐变效果越软，羽化数值越低，渐变效果就越硬。"不透明度"代表羽化过渡的强弱。

　　下面演示如何去除人物皮肤的污点。

　　再次放大人物的面部，可以看到人物的面部有一些明显的斑点（在这里，我们将其称为污点）。将画笔调整到合适的大小。用画笔单击这个污点进行修复，可以看到画笔采集的这个污点周围的画面信息。在放大程度相对较大的图像里，点一下修复污点这一方法一般没有太大的问题。

单击这个污点的时候，这个采集圈里有一截头发，所以修复圈里也出现了头发。

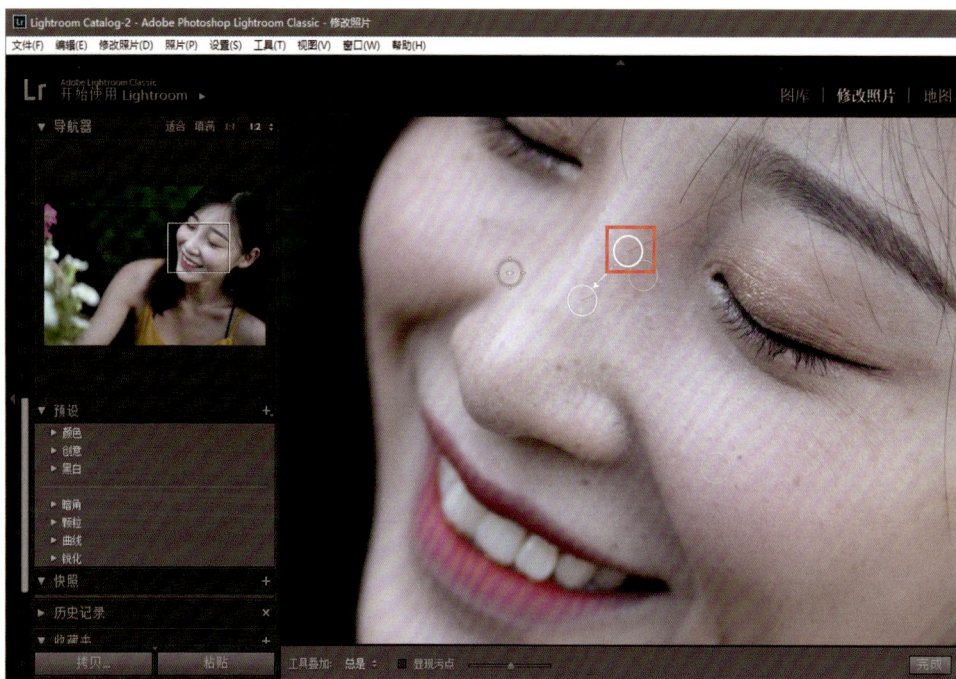

这时候，只需要把采集圈稍微移动一点，就可以看到采集圈里没有头发了。

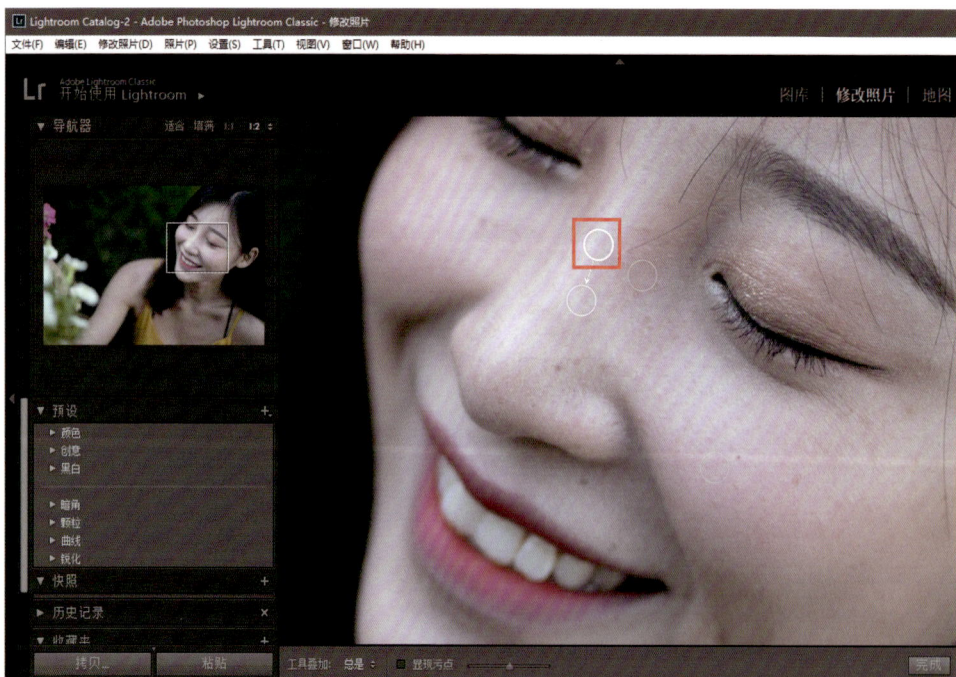

在进行污点去除时，可以使用快捷键 <[> 放大画笔大小，使用快捷键 <]> 缩小画笔大小。

如果采集圈和修复圈相距太远，则需要调整一下，找到与所修复位置纹理比较接近的部分。

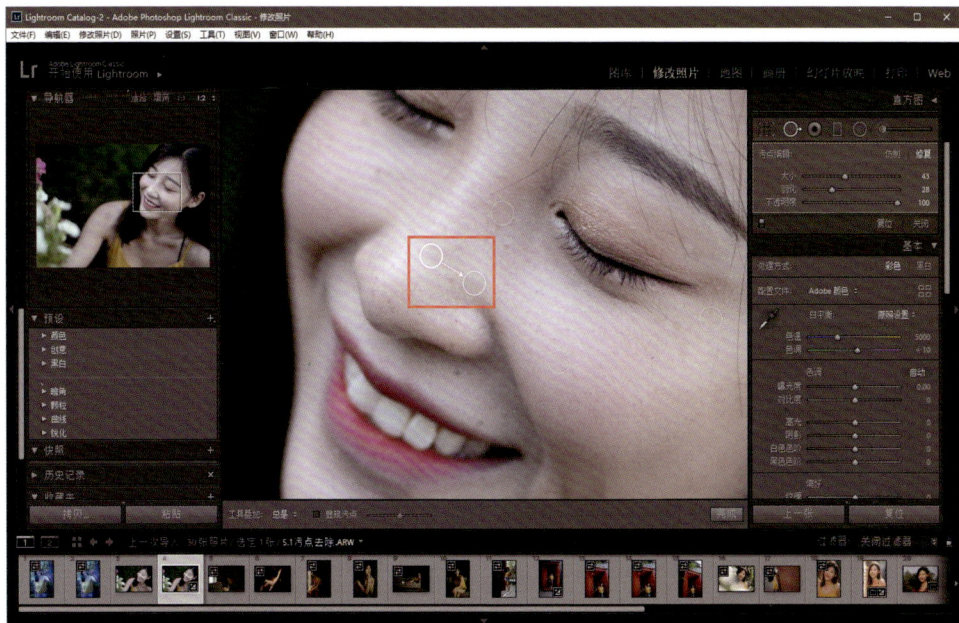

污点去除后单击"完成"按钮，可以简单对比一下去除污点前后的照片。可以看出来，照片的其他地方还存在一些瑕疵，但是处理的方法都是一样的，就不做过多的演示了，了解一下污点去除的方法就可以了。

　　刚才的示例是处理人物皮肤上的污点，现在使用污点去除工具处理环境中的瑕疵。例如，去除墙上开关和门上的把手。如果觉得画面中有碍眼多余的物体，都可以用污点去除工具简单地去除。

　　首先对这张照片进行基本的处理，如稍微提升画面亮度，使瑕疵的部分看起来更清楚一些。

接着去除红色墙壁上的白色开关。同样地，打开污点去除工具，调整"大小"的数值，适当增加画笔的大小。因为开关的边缘与墙壁的过渡是非常明显的，虽然存在一些阴影部分，但整体上过渡比较硬，因此不能过分地调大"羽化"，而是适当地调节即可。

去除墙壁上的开关，先按住画笔，画出需要去除的范围。

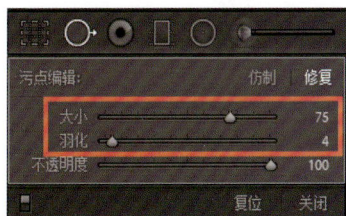

开关被去除之后，可以看到原来的开关位置与墙壁的融合比较好，但是还有一些偏暗的部分。

可以对它进行一些局部的调整，稍微调高"曝光度"，调高"阴影"，对它进行细微的处理。

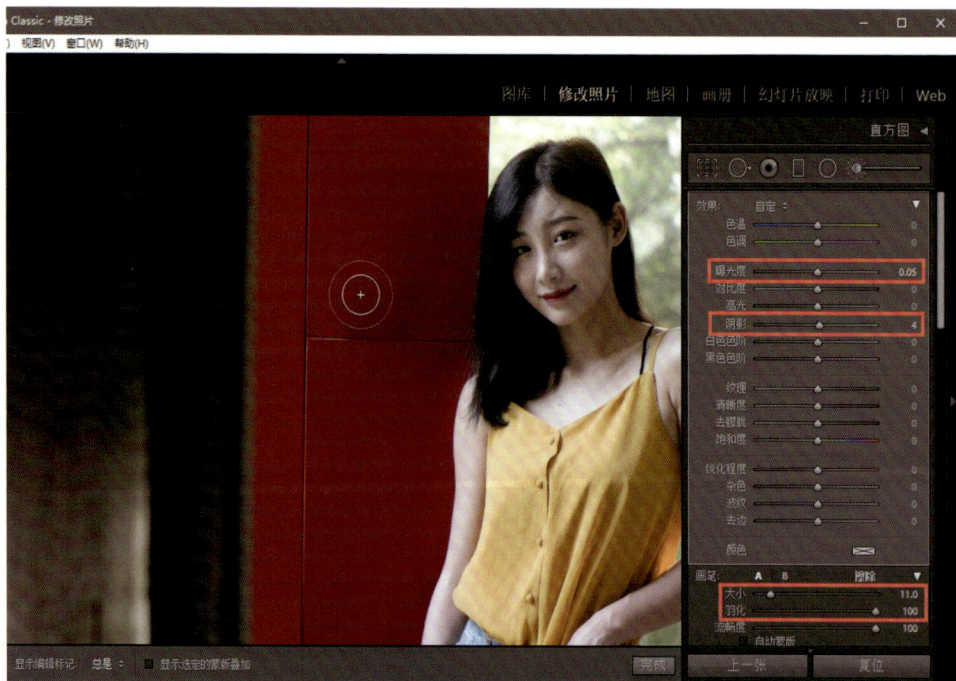

接下来去除门把手。

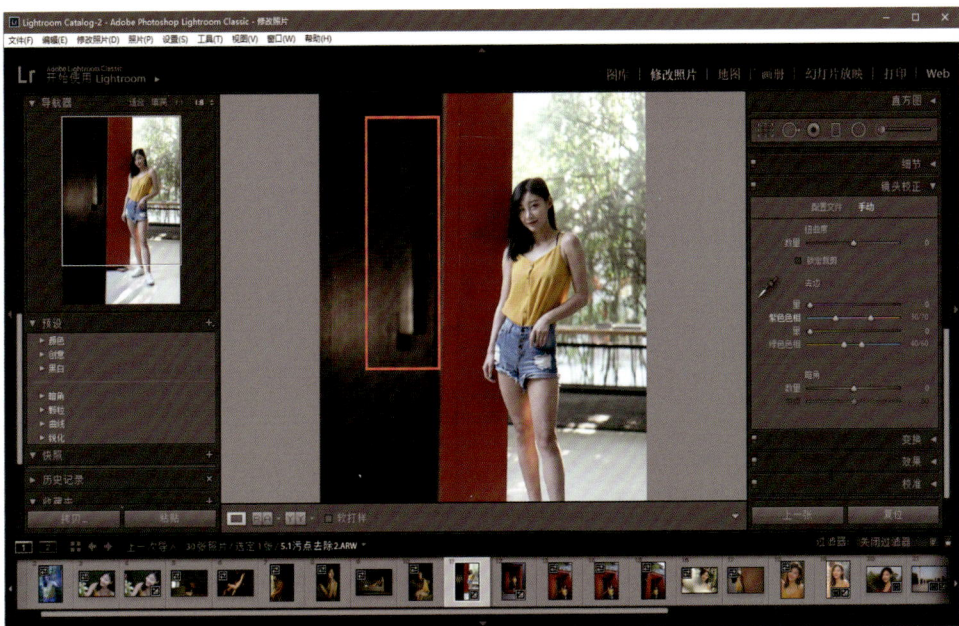

可以通过同样的方法去除门把手，即用污点去除工具将门把手修掉。调整画笔大小，选择需要去除的范围，找到合适的纹理位置，达到较好的融合效果。

单击"完成"按钮，这样就用污点去除工具，去除了照片中两个位置的多余物体。

对比一下去除前后的效果。

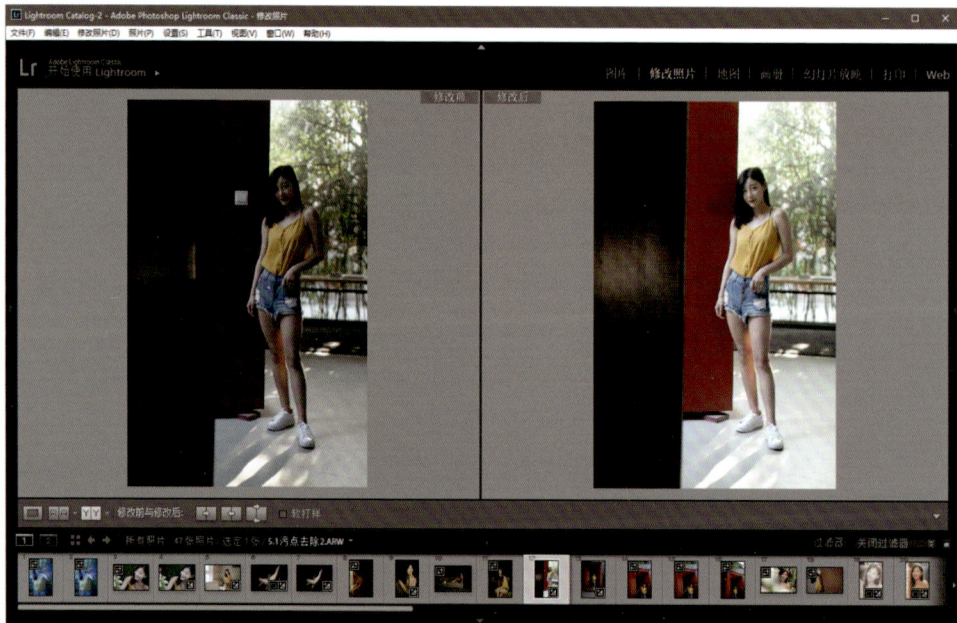

5.2 噪点与锐化

本节将介绍在 Lightroom 中对图像进行降噪以及锐化操作的一些技巧。

本节知识点

◆ 在"细节"面板中，进行噪点消除及锐化处理。

打开 Lightroom，切换到本节要进行处理的照片。

这张照片的感光度 ISO 有 4000，有点高。

放大照片后可以看到画面中出现了一些噪点，下面对这张照片做降噪处理。

调高这张照片的曝光度，增加亮度，对比度再加强一点，其他的参数先保持不变。在右侧工具栏中找到"细节"面板。可以看到面板中有两个部分："锐化"和"噪点消除"。

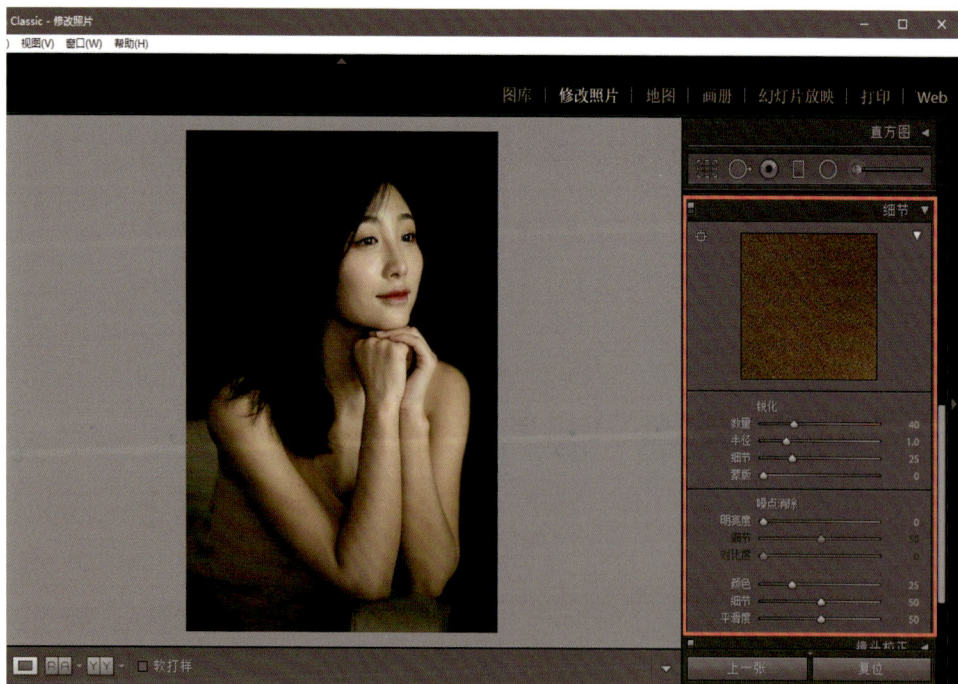

一般而言，处理一张照片的常规操作流程是，如果这张照片存在明显的噪点，需要先去噪，再进行锐化操作。

把照片放大后可以看到明显的噪点。"噪点消除"分两部分，第一部分是"明亮度"，当明亮度为 0 时，"细节"和"对比度"这两个选项参数是不可调的；第二部分是"颜色""细节"和"平滑度"。第一部分用于调节明亮度的噪点，第二部分用于调节颜色的噪点。

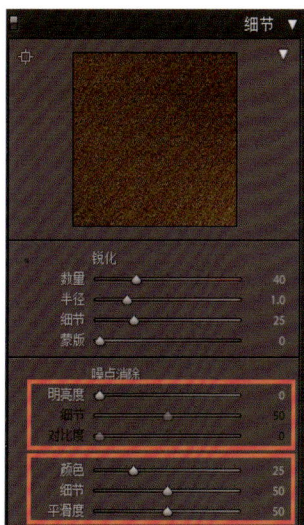

先讲解明亮度噪点降噪。把明亮度降噪打开，调高明亮度，可以看到画面中的噪点被去除了，但是原本画面的纹理也消除了。

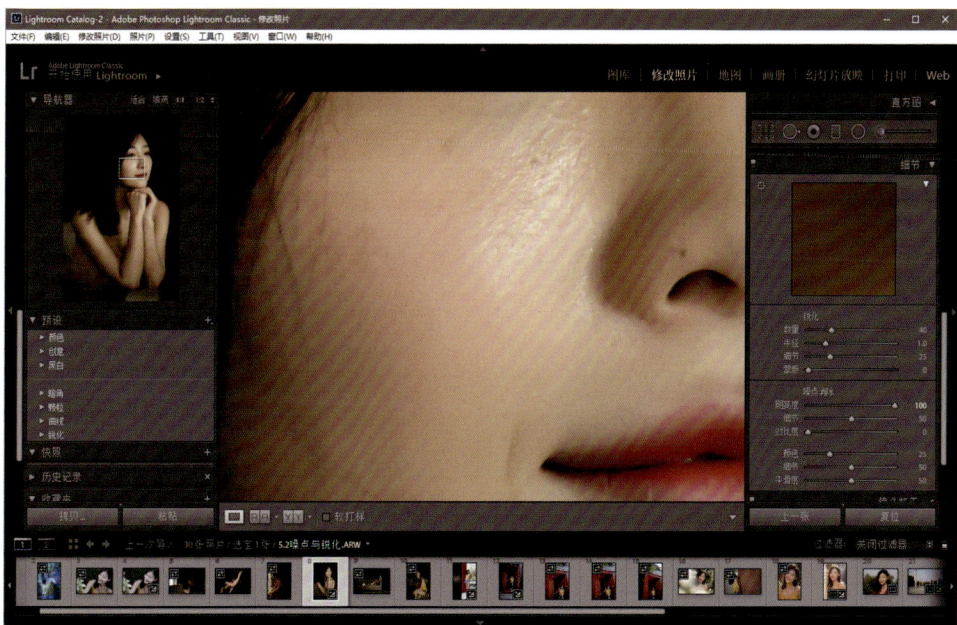

在进行降噪操作的过程中，一个基本的原则是去除噪点的同时尽可能保留一些主要的、必不可少的纹理。

这里有一个小技巧，在去除噪点时，按住 <Alt> 键，可以暂时去除画面的色彩信息，只显示图像的灰度信息。这样，在调节去噪时，可以减少颜色对纹理的视觉影响，可以更好地帮助判断降噪的程度与效果。

"细节"的数值调节得越大，画面中的细节增强得越多。

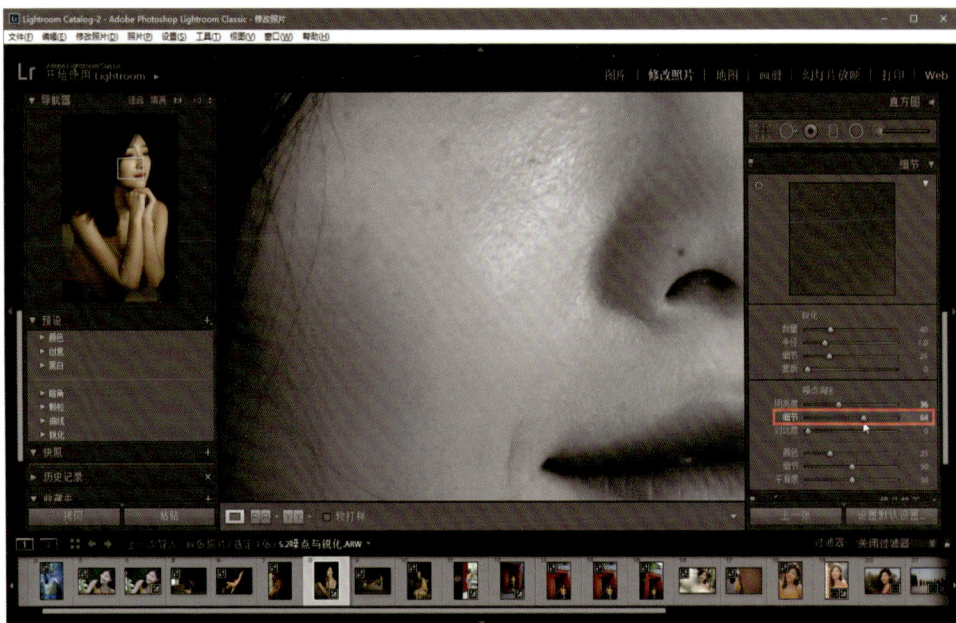

"对比度"也是如此。

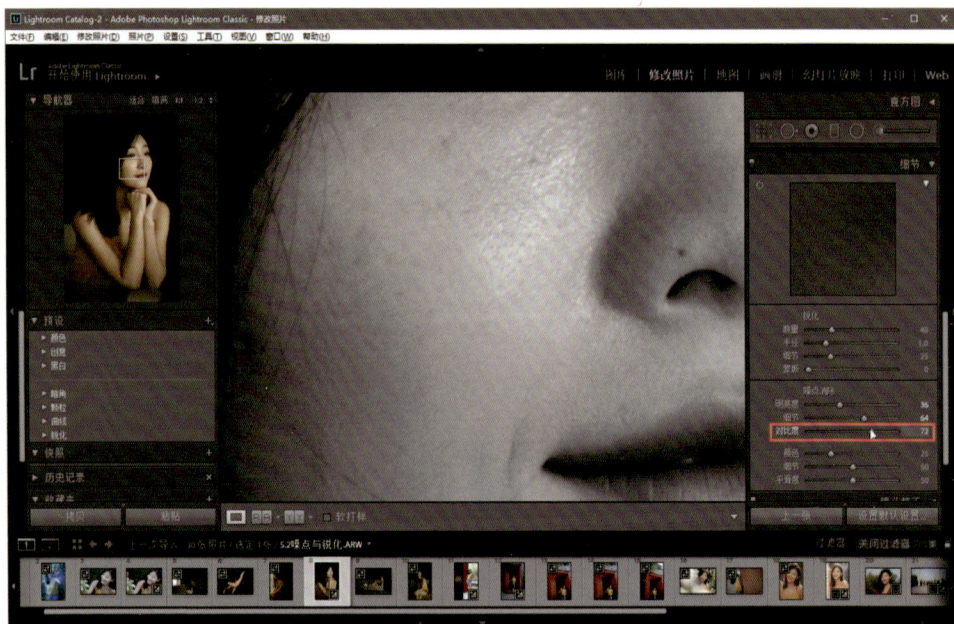

如果对这些参数不是很理解，则可以多次拖动滑块，直观地对比一下调节的效果，找到理想的参数值。

接着讲解颜色噪点降噪。Lightroom 默认将颜色噪点降噪到 25。

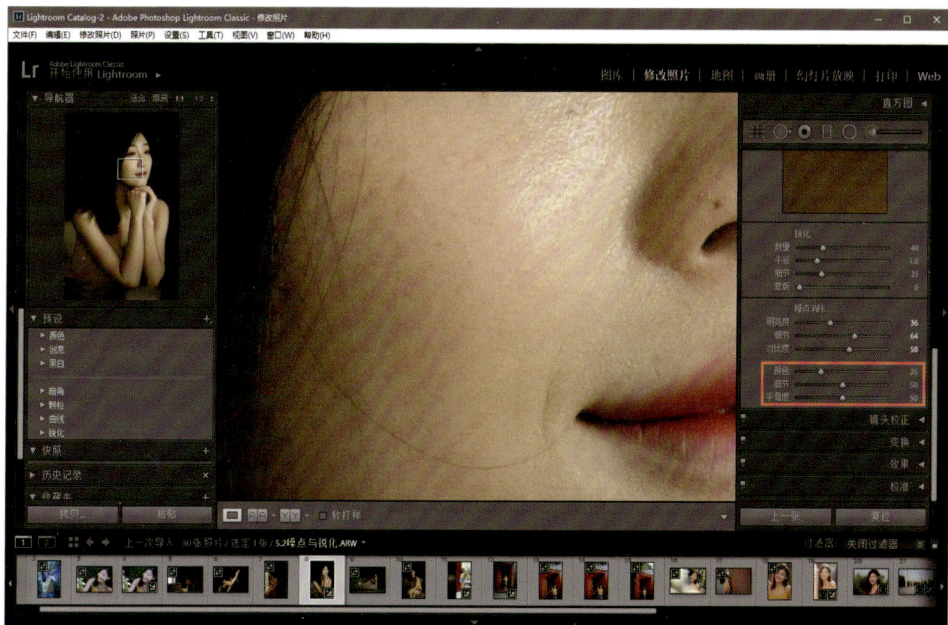

如果把"颜色"调到 0，可以看到画面中出现了彩色的噪点，或者称为杂讯。

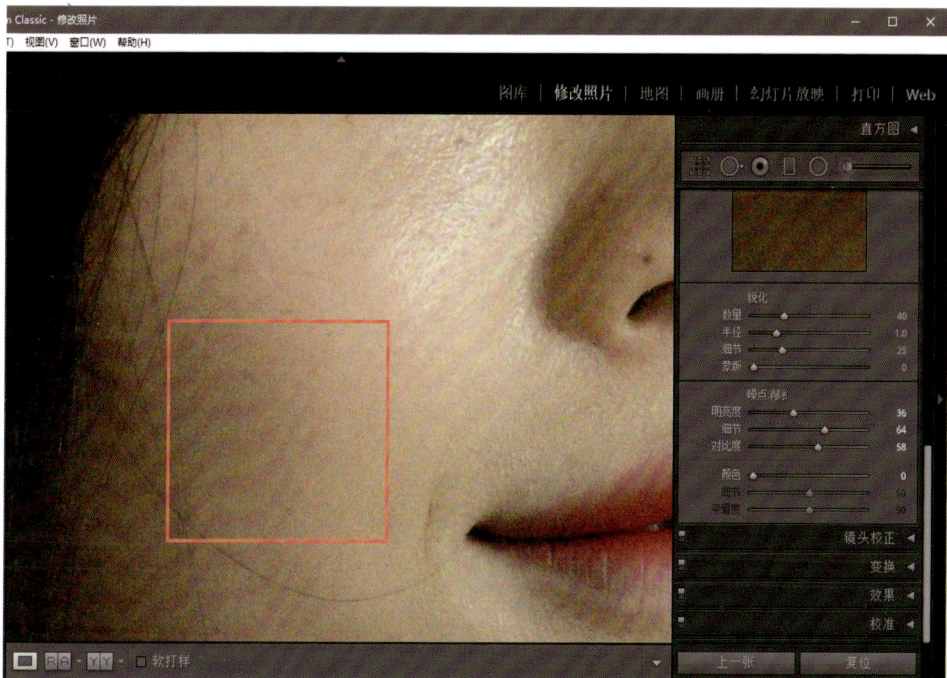

把"颜色"滑块调到最大，去除颜色噪点也没有太大的问题，调到默认值 25 得到的效果也不错。

再看一下细节，任意调节"细节"滑块，肉眼看不出有明显的变化。

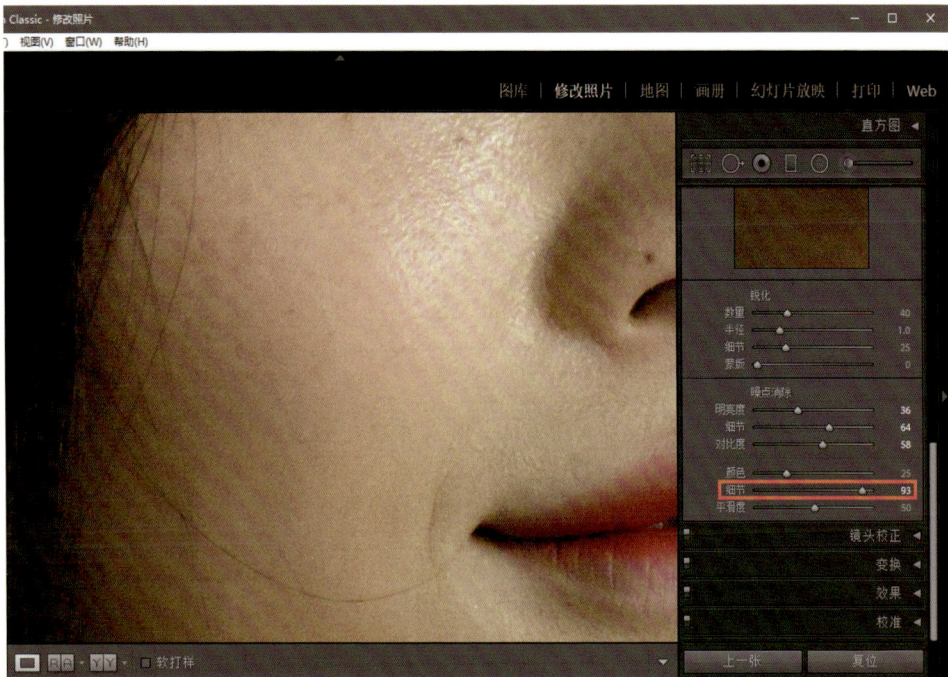

其实在一张照片中，对比明亮度噪点和颜色噪点两者的细节变化，最明显的还是明亮度噪点。只去除一定的颜色噪点，肉眼看也不会很明显。调节"平滑度"后图像也没有明显的变化。

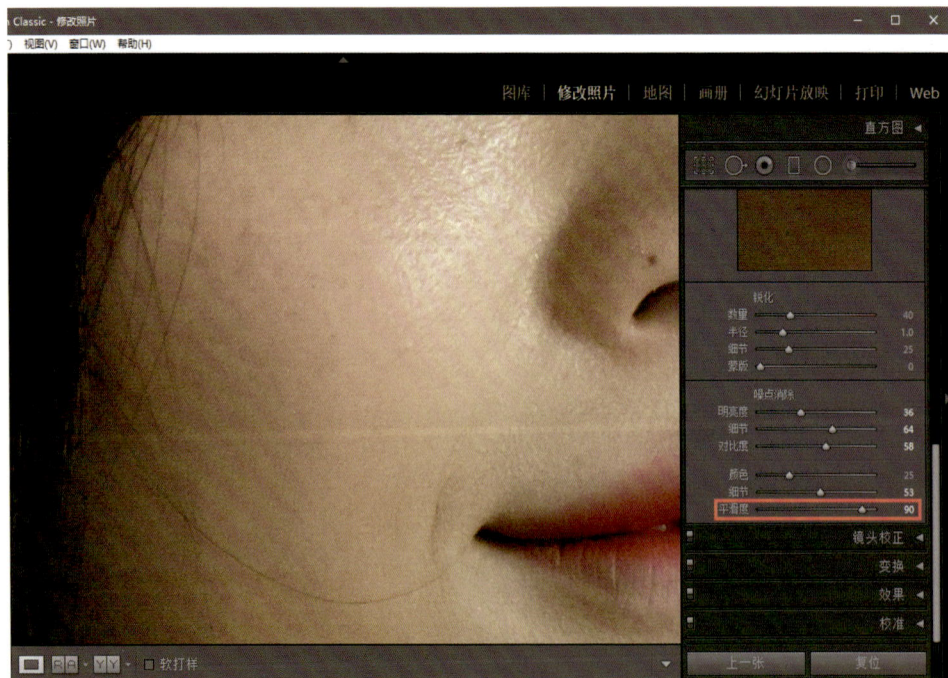

调节"细节"和"平滑度"滑块所产生的效果都不是特别明显，所以只要将两者调到居中合适的数值就可以了。以上就是噪点去除的一些基本操作。

另外提一下，有时候需要对有些照片做过度降噪处理，以达到类似油画的质感和效果，这时就可以考虑把"明亮度"调到最大。缩放图像至原始大小就可以看到整体上纹理去掉了很多，但如果有时候需要通过Lightroom 来实现一些特殊的效果，这也是一种可行的方法，可以考虑使用。

在进行锐化操作的时候，调节"数量""半径""细节"和"蒙版"这几个参数时，都可以使用 <Alt>键去除色彩信息来辅助判断，对比调节产生的差异。

　　按住<Alt>键并拖动"数量"滑块，可以比较直观地看到锐化效果的强弱，增大数值，整体的效果会特别强。一般而言，整体的效果不需要特别强，否则整个画面就显得特别突兀，整体的视觉观感比较舒适就可以了。

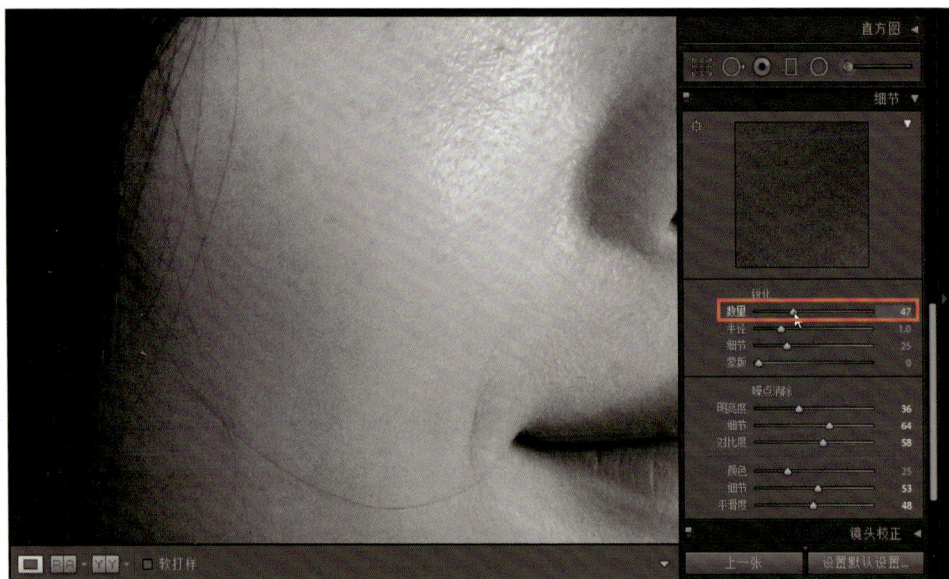

　　"半径"调得越大，突出的锐化效果就越强，相反就越弱。一般来说，处理女性的人像照片，"半径"不需要很大；而处理沧桑感比较强的照片，如处理男性的人像照片时，可以考虑把"半径"调大一些，这样局部的对比会更强烈。这里调到默认的 1.0。

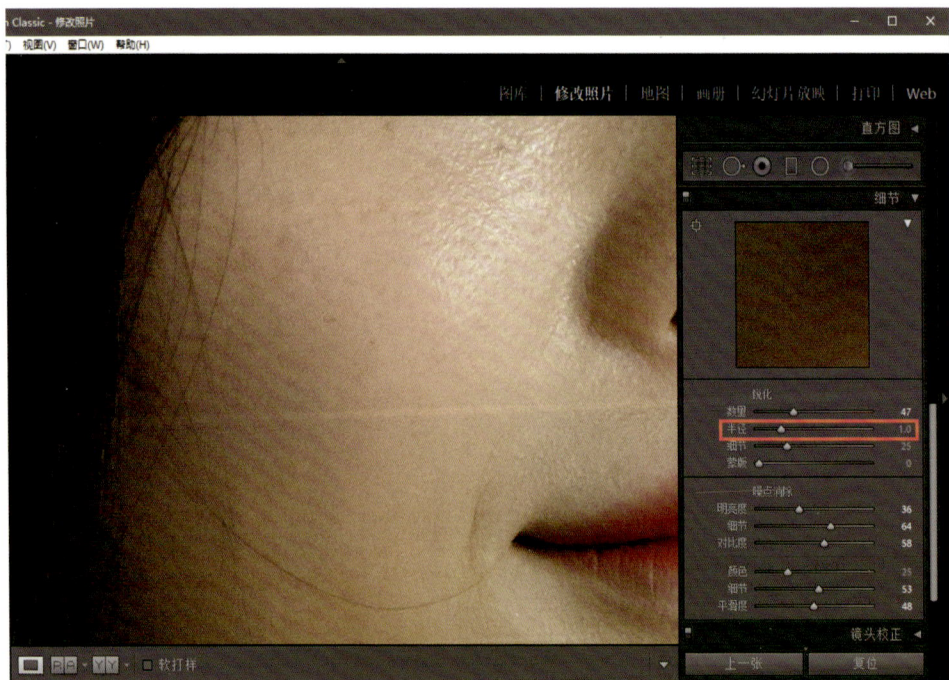

拖动"细节"滑块，可以看到画面产生了一些很细微的变化，调到合适的数值就可以。

调节"蒙版"，画面中显示的白色部分就是做锐化处理的部分。

所以如果将"蒙版"调到最小，整个画面就显示出白色，这就代表对整个图像进行了无差别的全局锐化。

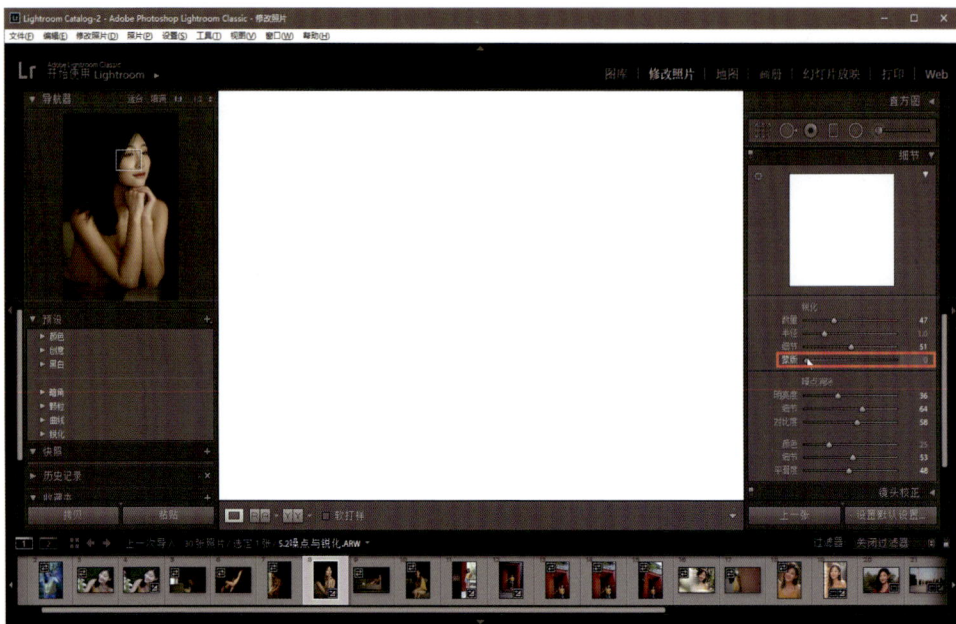

　　在拖动"蒙版"滑块的过程中，画面中的某些部分会呈现出黑色，这代表软件不会对这些部分做任何锐化的操作。只有画面中呈现出白色的部分才是锐化操作处理的部分。越白的地方锐化影响越大，越黑的地方锐化影响越小。

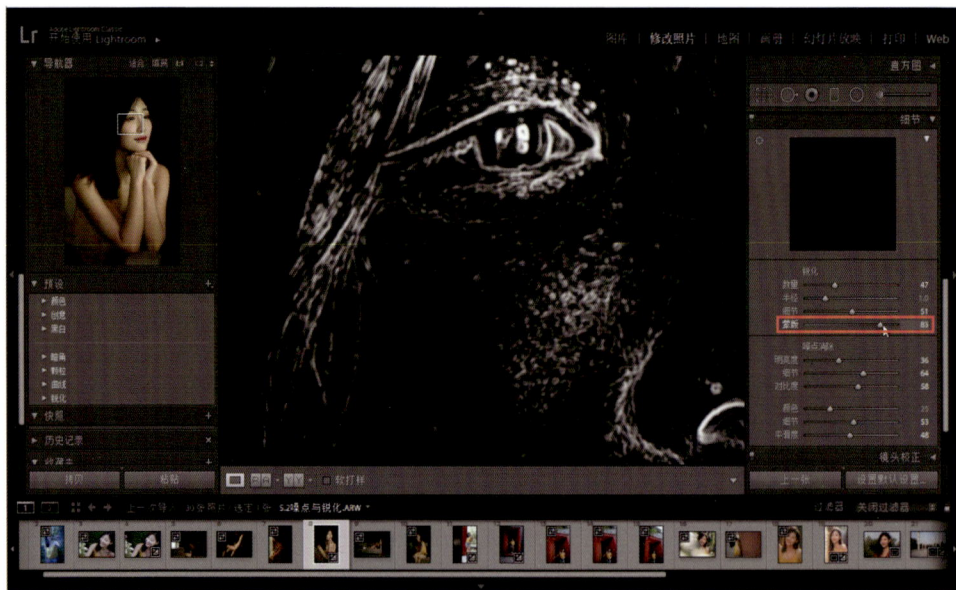

　　所以，在处理人像的时候，对眼睛这些局部对比很强的部位的锐化会更强烈一些，而皮肤的锐化效果一般不会特别强。如果皮肤上的锐化效果特别强，就会把皮肤上的瑕疵更多地展现出来，因此需要找到一个平衡，不要过多地锐化皮肤。

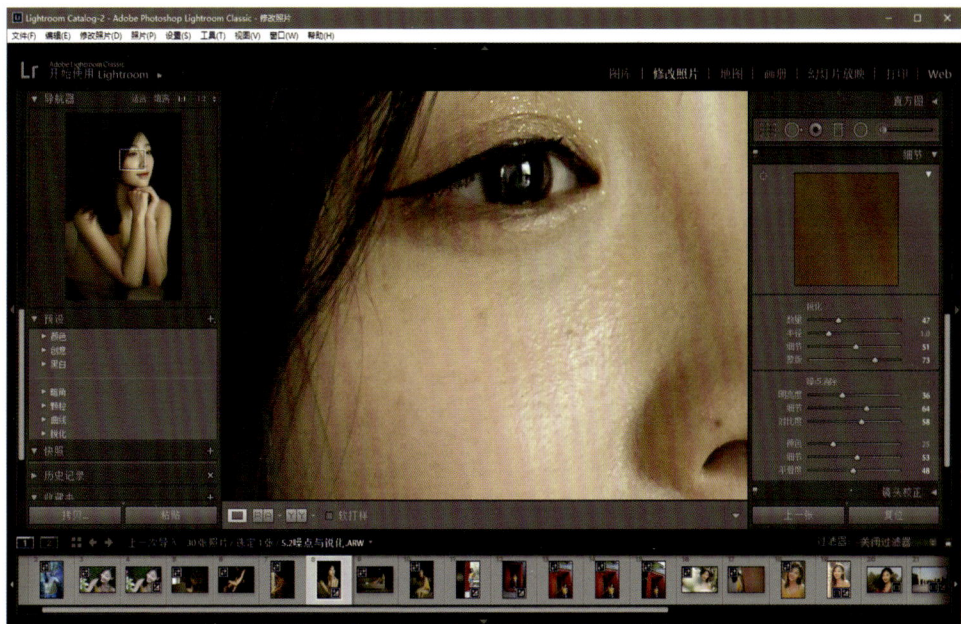

　　本节介绍了如何在 Lightroom 中去除噪点及添加锐化效果，但并不是在所有的画面中我们都要无差别地去除噪点，有时候噪点还会带来不一样的艺术效果。

5.3 颗粒与晕影

本节将介绍如何在 Lightroom 中利用添加暗角以及添加噪点的方式来增强图像画面效果。

本节知识点

◆ 利用"效果"面板对图像添加暗角及颗粒，提升照片质感。

打开 Lightroom，切换到要进行处理的照片。

　　首先把这张照片裁剪一下，裁剪不是因为这张照片本身有问题，而是因为添加了噪点之后，需要通过裁剪让照片尺寸小一些，这样添加的噪点才能明显一些。

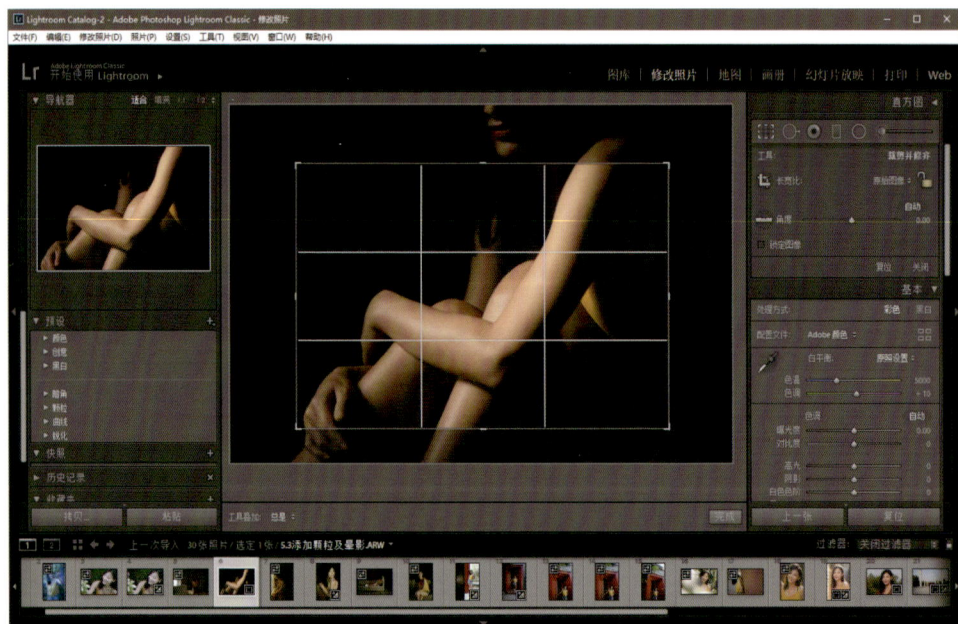

　　按比例缩小，裁剪局部。这张照片的光影效果对比非常强烈，重点突出了人物身上线条的光感。

如果想要让这种光感更加纯粹一些，可以先将这张照片改为黑白照片，更突出光影的效果。

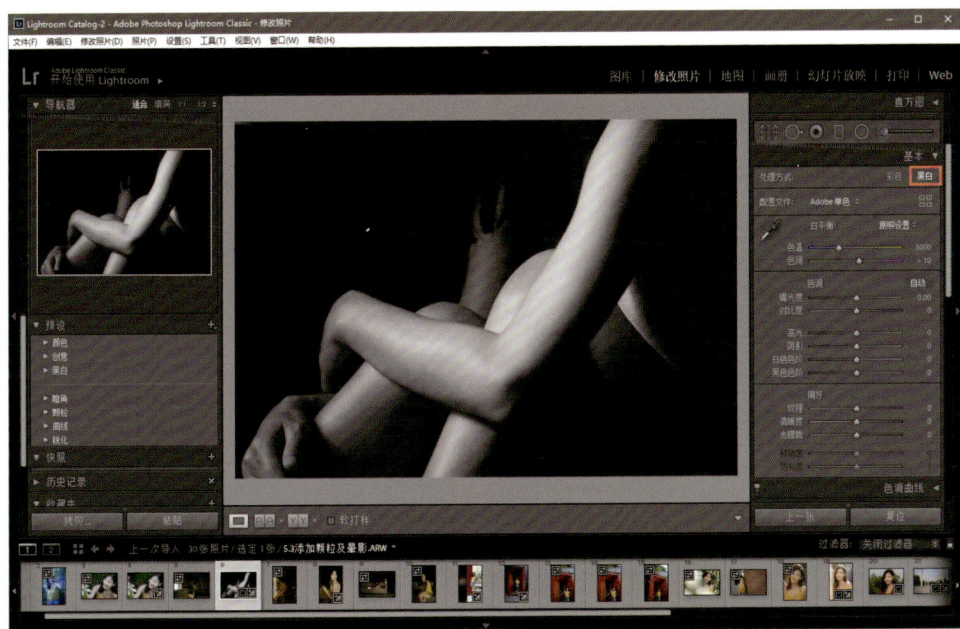

这张照片的光影效果相对比较理想，所以进入后期环节后，可以不做太多调整。下面直接进入本节的重点，打开"效果"面板。

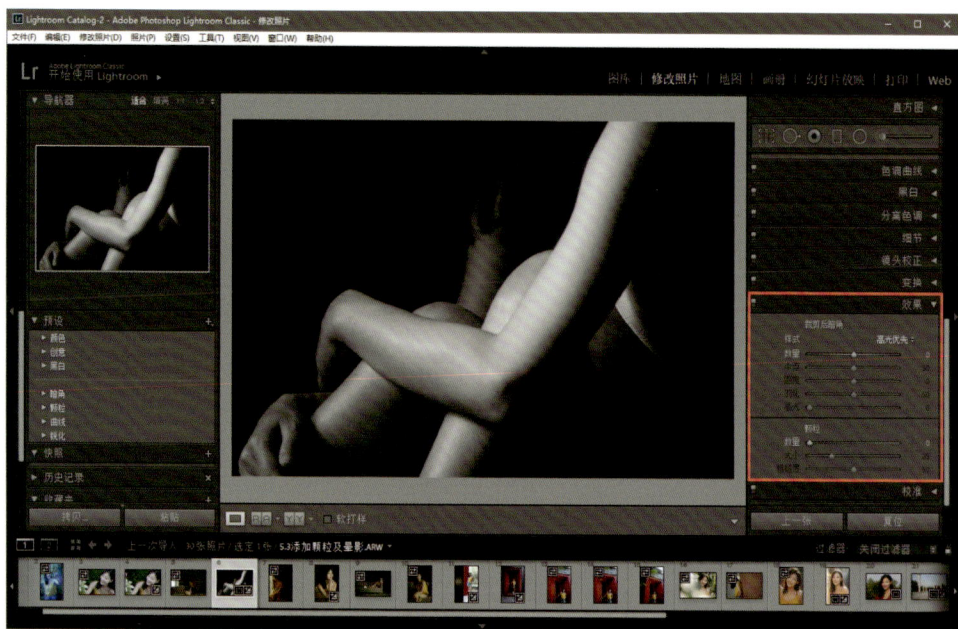

进行调节暗角的操作，这一步操作比较简单，拖动"数量"滑块就可以增加或消除暗角，向右拖动为增加暗角，向左拖动为消除暗角。为了更方便直观地展示下面几个参数的影响，先调大"数量"的值。

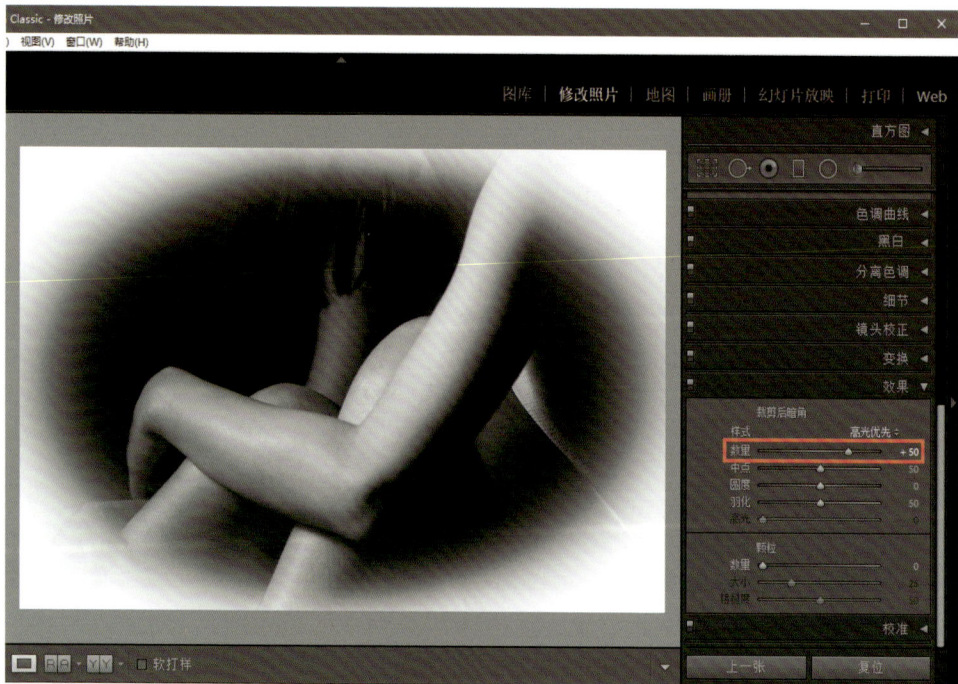

如果改变"中点"的值，值越大，白色范围越大，画面就越集中；值越小，白色范围越小，画面就越分散。

降低"圆度"的值，画面就更接近于照片本身的长方形形状；提高"圆度"的值，画面就更接近于圆的形状。

"羽化"的值越小，画面与周围边框的分界线就越明显；"羽化"的值越大，画面过渡得越柔和。

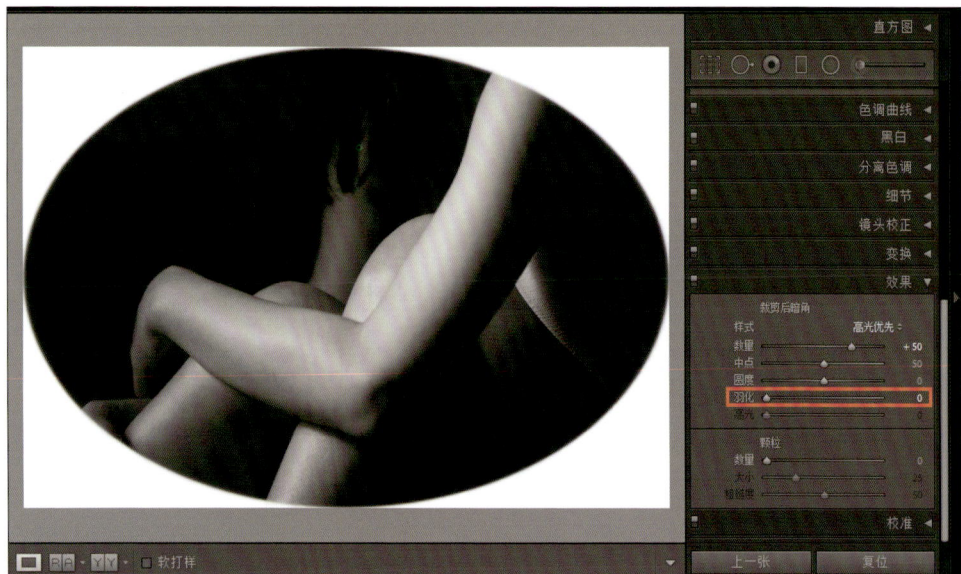

对于这张照片来说，肯定不能把暗角的四周加亮，而是要让它变暗。一般来说，会把"中点"的值调到最小，"羽化"的值调到最大，这样观看者所有的视线就会集中在画面中心，画面也会有非常自然、集中的过渡效果。

对比一下处理前后的效果。

处理前

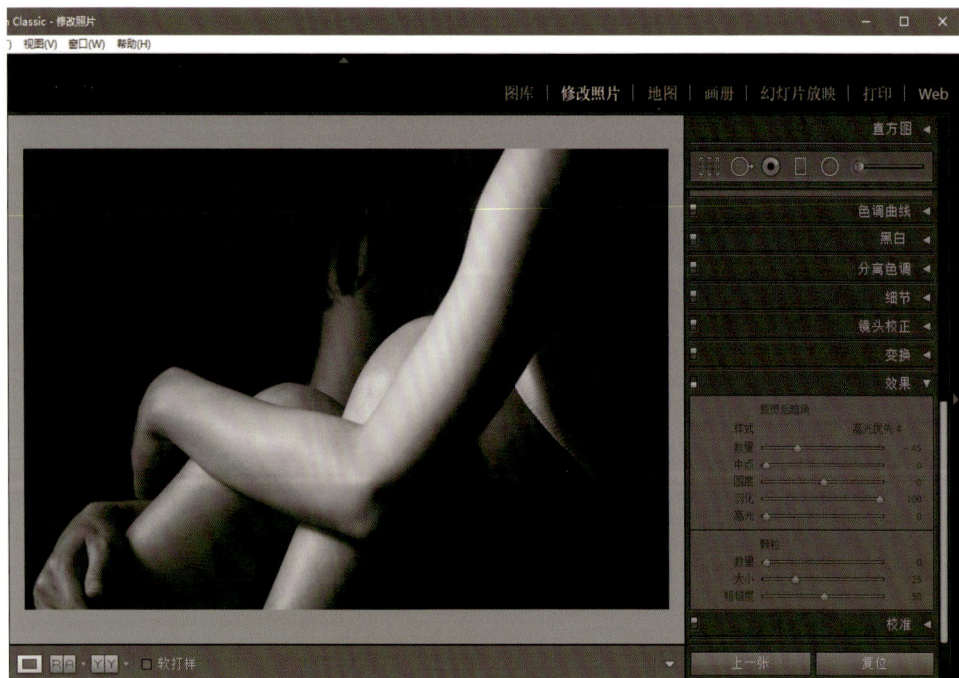

处理后

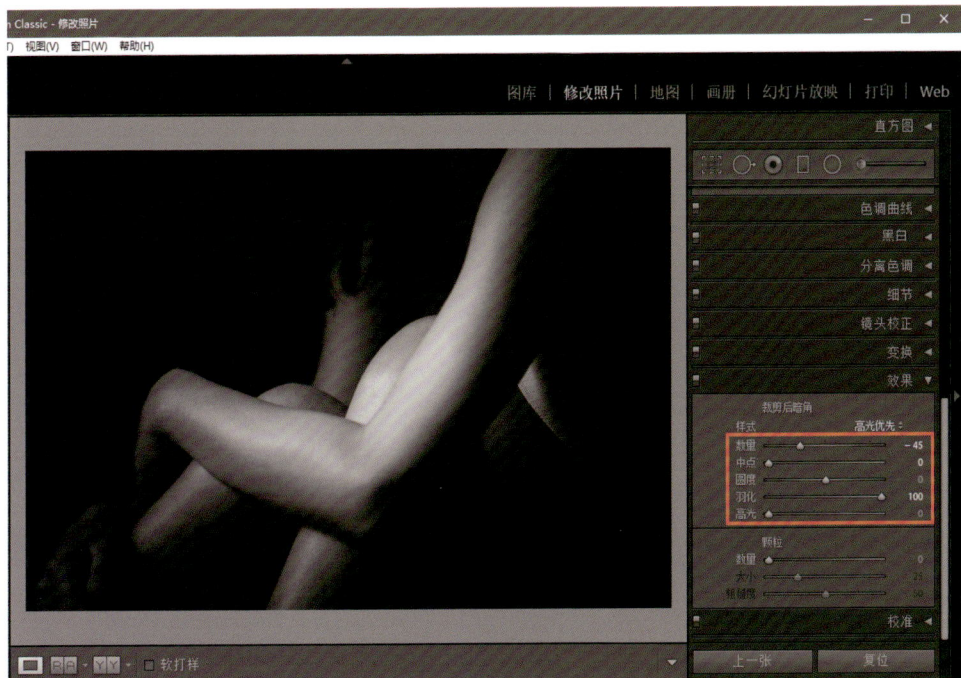

这是利用暗角汇聚观看者的视线，使他们的视线集中到主体部分。

接下来介绍"颗粒"。放大图像，方便更好地查看效果。

增大"数量"的值，噪点就非常明显。在黑白照片中，这种噪点的效果是非常常见的。

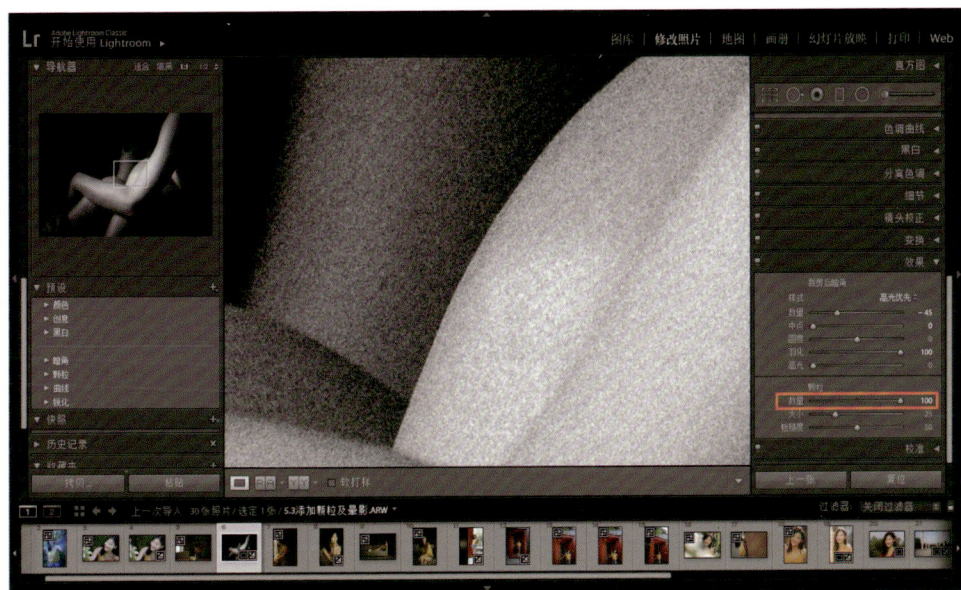

增大"大小"的值，画面中噪点颗粒的大小就会增大，每一个颗粒都会变得非常大、非常直观。

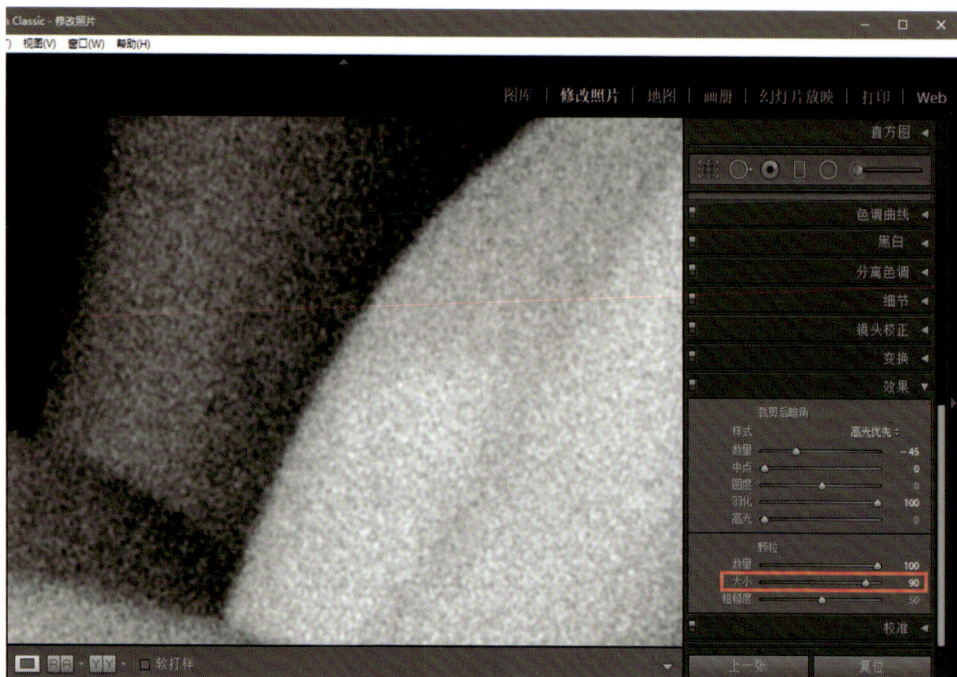

增大"粗糙度"，对应地，画面变得更加粗糙。

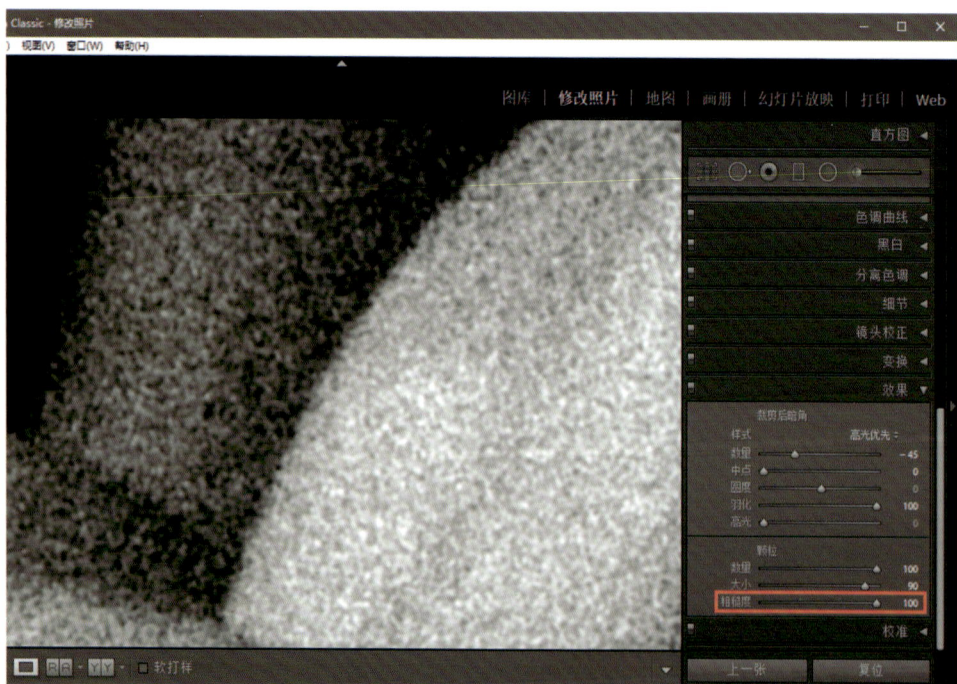

　　对于这张照片，如果观看整体的效果，会发现颗粒效果有点太明显了。先把"颗粒"下的参数恢复。一般来说，把"数量"调到 20 左右，"大小"也调到 20 左右，"粗糙度"一般会高一些，若想要噪点更加随机一点，可将"粗糙度"加到 80~90。观察一下处理效果，可以再适当地增加噪点的数量，大小也可以再加大一些。增加了噪点之后，画面也增强了质感。

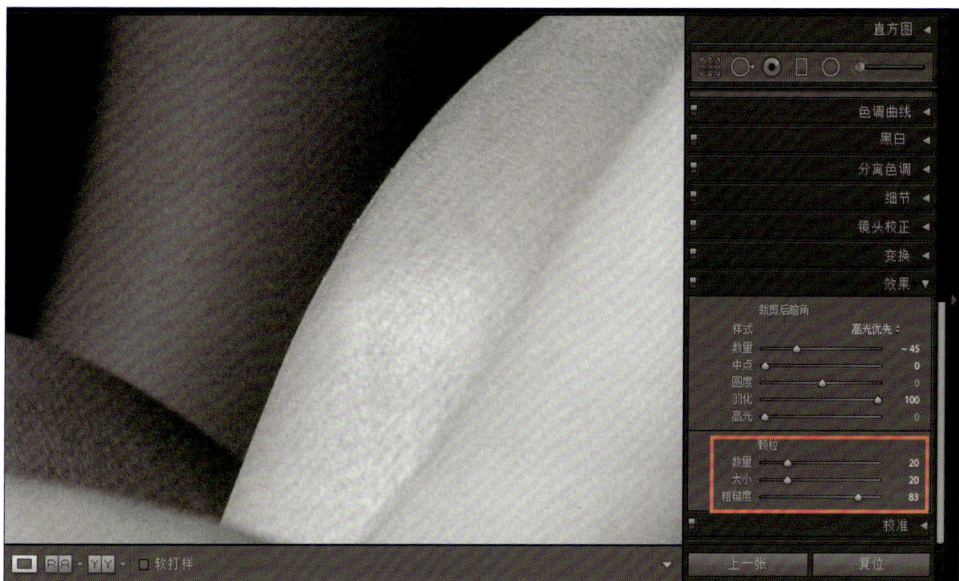

对比增加噪点前后的效果。

增加前

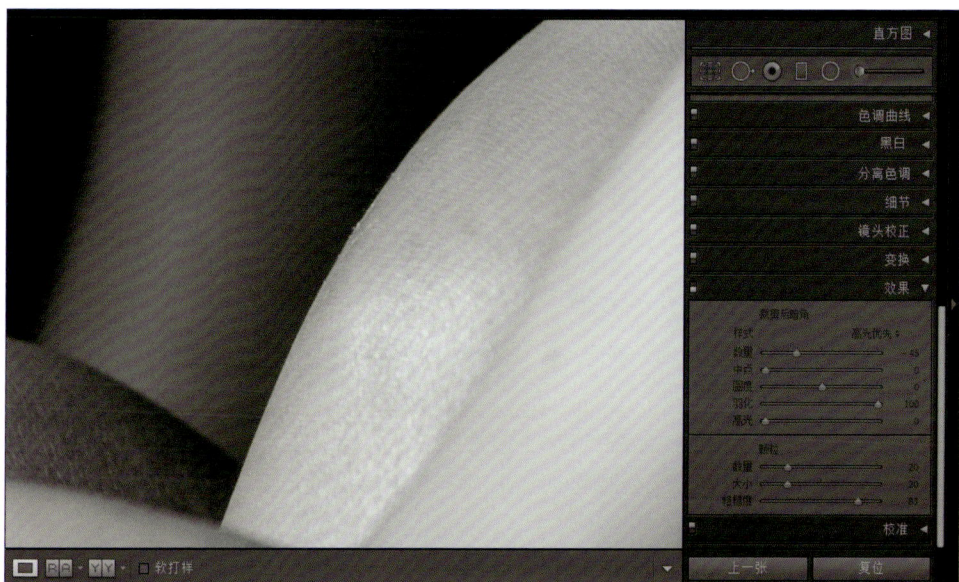

增加后

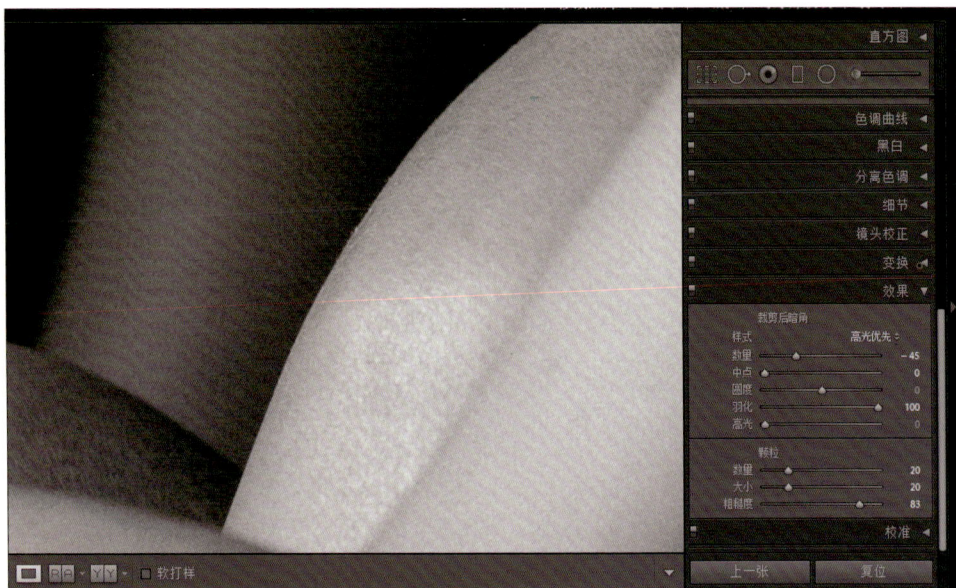

这张照片的景深很浅，前景到背景的过渡比较清晰。因为噪点是针对图像整体添加的，所以添加了噪点之后，这种过渡效果的观感会更舒服些。

想进一步增强画面的效果，可以用之前讲到的分离色调，给黑白照片添加一点颜色，让它的色感更强一点。高光调高一些，阴影也调得偏暖一点。

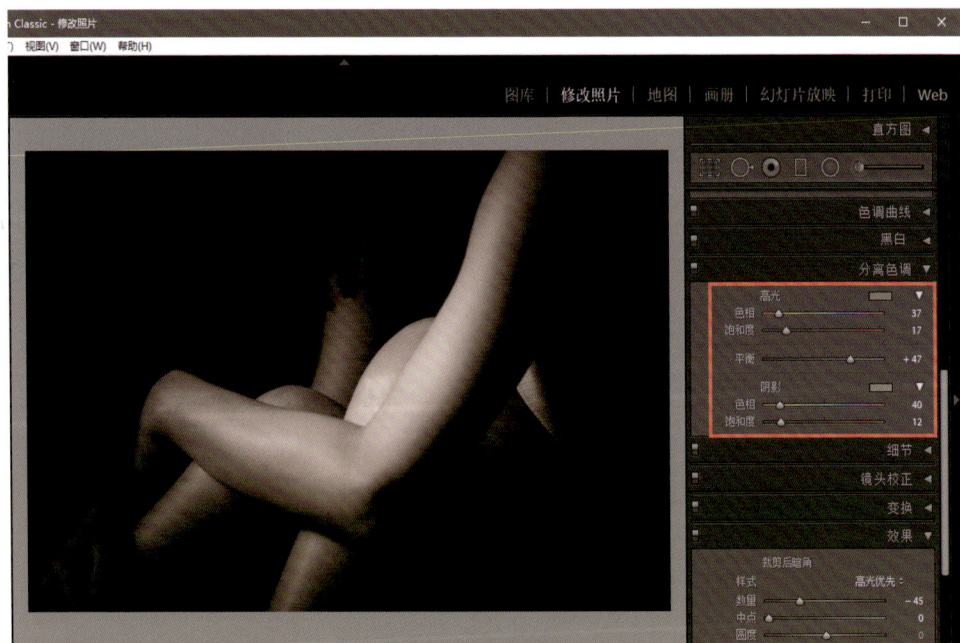

高光区和阴影区也不是特别明显，画面整体上偏暖，可以让色相再偏橙色和褐色一点。调整完后，可以看到，几步简单的操作为画面增加了不一样的质感以及效果。

将最终的修改效果与修改前对比。修改前是一张光影效果比较强烈的彩色照片，通过添加暗角及增加噪点，并适当地着色等操作，让整个画面主体更加突出，并且让画面更有质感，艺术性更强。

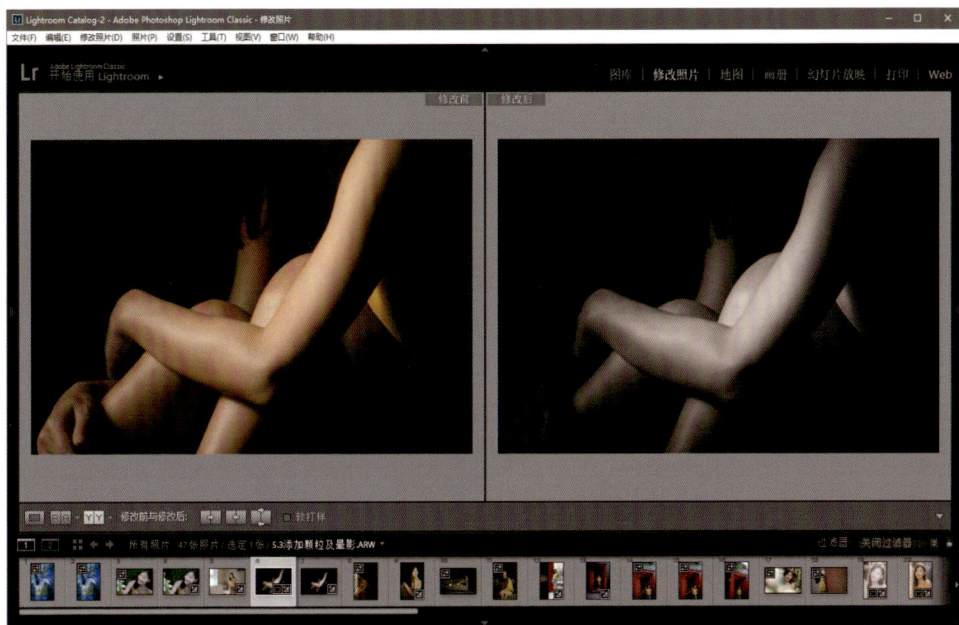

第 6 章

全景图与 HDR

当前的摄影后期技术有了革命性进步，本章我们将介绍两种比较潮流、新颖的超现实合成思路和技巧，它们分别为 HDR 合成与全景合成。

6.1 储存和使用调色模式

本节将介绍在 Lightroom 中如何把已经修饰好的作品的效果快速地应用到其他希望获得同样效果的作品上。

本节知识点

◆ 如何在 Lightroom 中储存和创建预设。

◆ 如何将已经处理好的图像的效果快速应用到其他图像中。

下面介绍 3 种将已经处理好的图像的效果应用到其他图像中的方法。

方法 1：用"上一张"功能进行同步处理

选择已经修好的一张照片。

再选择另一张未修改的照片。若想将第一张照片的效果应用到第二张照片中，只需简单地单击右侧工具栏的"上一张"按钮。

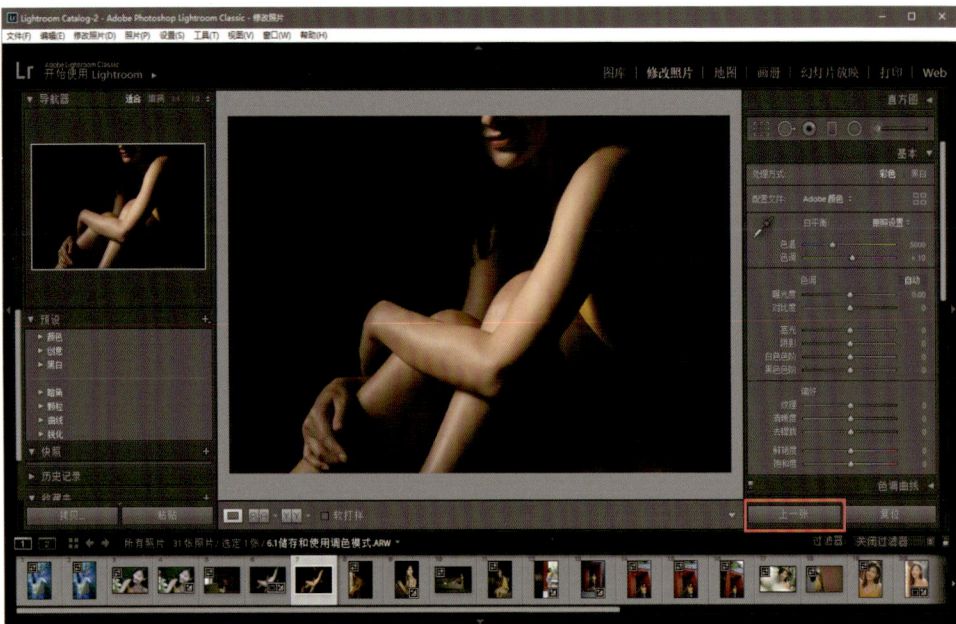

　　此时第一张照片的效果就直接应用到了第二张照片中，这里的效果包括第一张照片所有的基础调整、色调分离等，先前制作的暗角、颗粒以及裁剪的效果也都出现在了第二张照片中。在应用效果后的第二张照片中，其他效果没有什么问题，但裁剪的效果不是特别理想。如果不喜欢这样的裁剪效果，可以简单修正一下。

　　只要把裁剪复位或者重新调整裁剪的位置即可。

选择裁剪工具后，单击"复位"按钮，这样就快速地把第一张照片除裁剪外的调整效果应用到了第二张照片中。

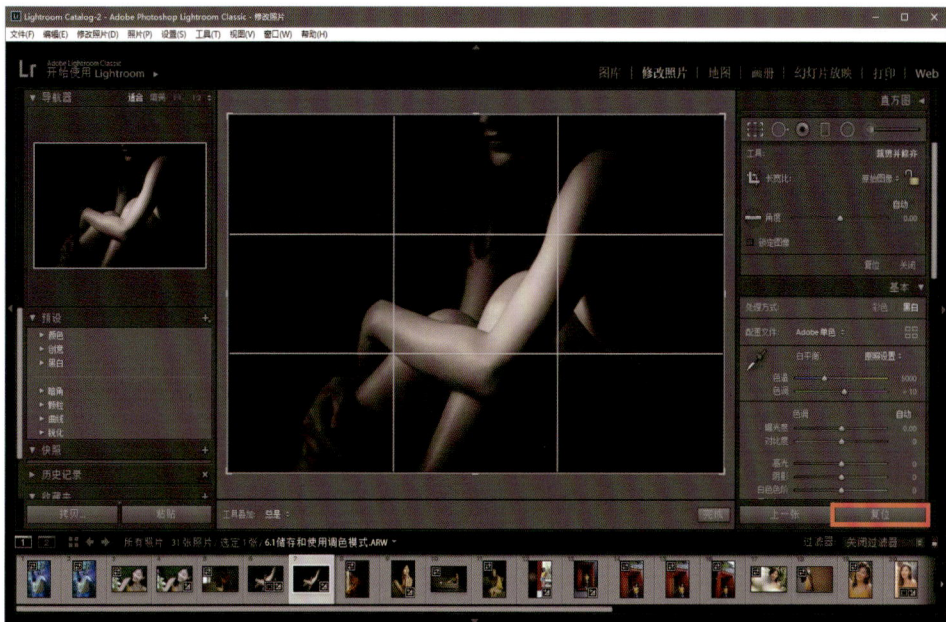

方法2：用复制功能进行同步处理

切换到第一张已经处理好的照片，在左侧选项栏内，有一个"拷贝"按钮。单击"拷贝"按钮，弹出"拷贝设置"对话框，这个对话框列出了所有的选项，可以复制已经调整好的照片效果。

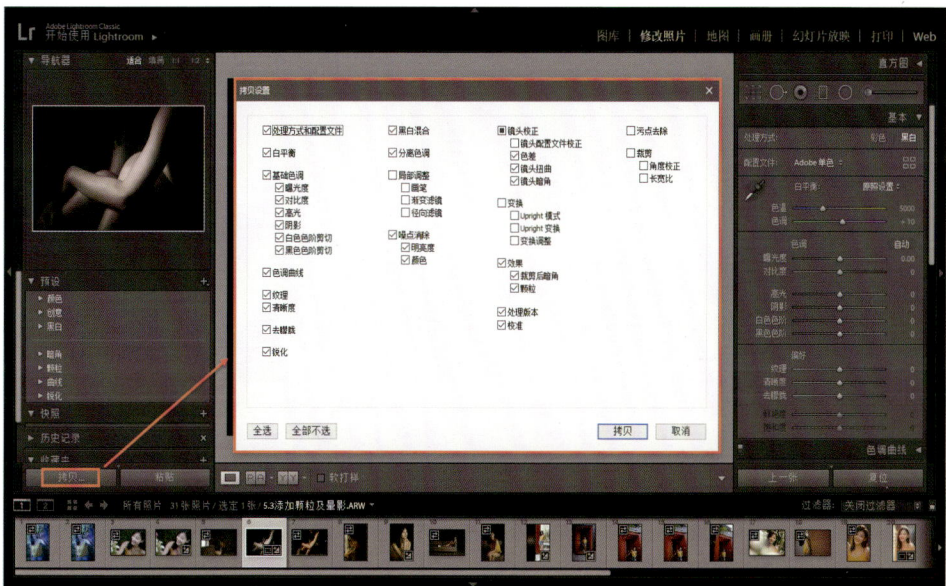

　　在"拷贝设置"对话框中，已经默认勾选的选项是 Lightroom 中对画面整体的调整与处理。关于画面局部的调整，包括"画笔""渐变滤镜""径向滤镜""变换""镜头配置文件校正""污点去除"和"裁剪"等画面局部参数设置。因为照片可能是用不同镜头拍摄的，每一张照片需要处理的地方都不一样，每一张照片的镜头配置也不一样，所以需要根据实际情况勾选。勾选后直接单击"拷贝"按钮即可。

　　再切换到第二张照片，单击界面左侧的"粘贴"按钮，这样就把第一张照片的效果粘贴了过来。

　　此时，可以看到第二张照片已经套用了第一张照片的处理效果，效果发生了较大变化。当然，也可以进一步处理第二张照片。

方法3：用预设的方法进行同步处理

前面介绍了两种在 Lightroom 中快速地将一张照片的设置应用到另一张照片中的方法。但是在实际的拍摄过程中，经常会遇到另外一种情况，例如，今天拍摄了一张照片，做了一个比较理想的后期效果，过了比较长的时间后又拍了一张照片，想要将之前照片的处理效果应用到新照片中。

这个时候，使用前两种方法已经不合适了，因为不能快速地调取先前拍摄的照片效果，所以在这里需要用到第三种方法——预设。

在界面的左侧选项中，可以看到"预设"选项，单击"+"按钮，选择"创建预设"命令，添加新预设。

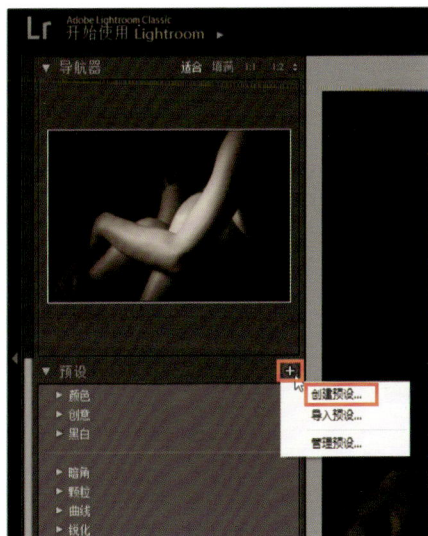

弹出"新建修改照片预设"对话框，根据实际需要，看哪些部分是需要的，就把它们存储在创建的预设中。一般来说，会把所有的全局调整保存在预设中。还可以设置预设的名称和选择保存的组，组别可以选择默认的"用户预设"，也可以新建组。在"预设名称"文本框中可以自定义输入预设的名称，可输入"艺术效果－纹理预设"。

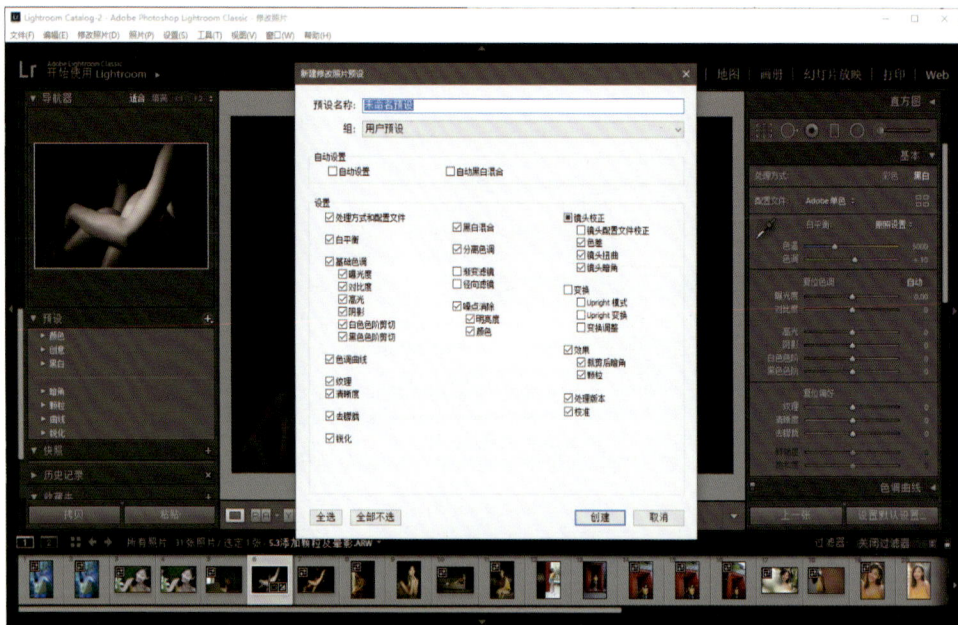

选择保存的组时，也可以输入新建组为"lr 自定义预设"。

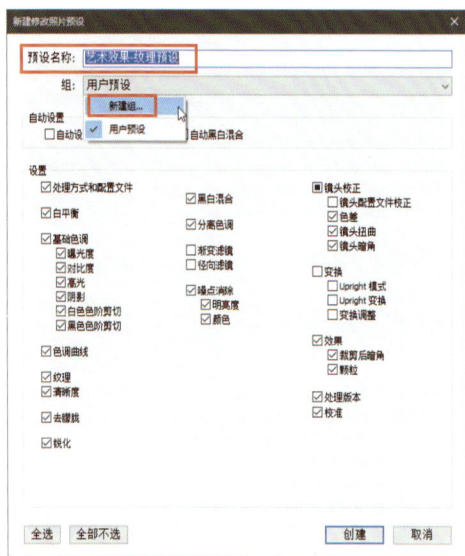

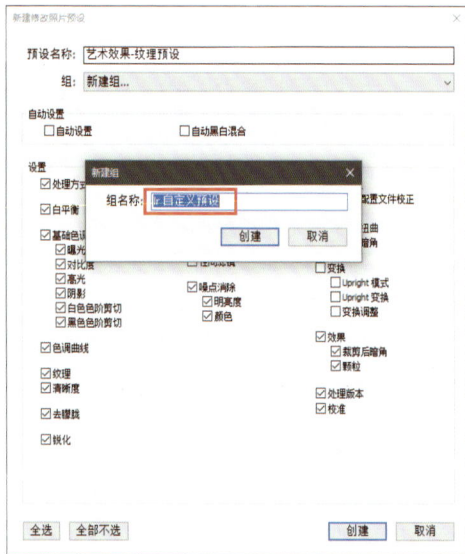

创建完预设后，就可以在所有预设的下方看到刚才新建的组。打开 Lightroom 自定义预设组之后，可以看到新建的预设为"lr 自定义预设"组中的"艺术效果－纹理预设"。

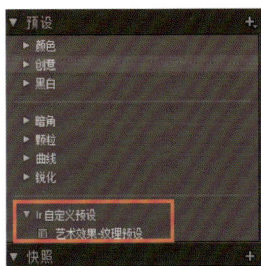

打开需应用预设效果的照片，将鼠标指针移动到这个预设选项上，画面中就会自动呈现应用这个预设的效果。只需要单击这个预设，就可以应用效果了，还可以对这张照片做进一步的处理。

以上就是使用已经存储好的预设的方法。刚才介绍的方法是将一种预设应用到一张照片上，接下来将介绍如何将一种预设快速地应用到多张照片上。

假设有10张比较相似的照片，要应用同样的预设效果。先选择第一张，单击预设的名称，预设效果就运用到照片中了。

　　然后在选中第一张的同时，按住 <Shift> 键，把 10 张照片全部选中，选中之后可以看到界面右侧多了一个"同步"的按钮。

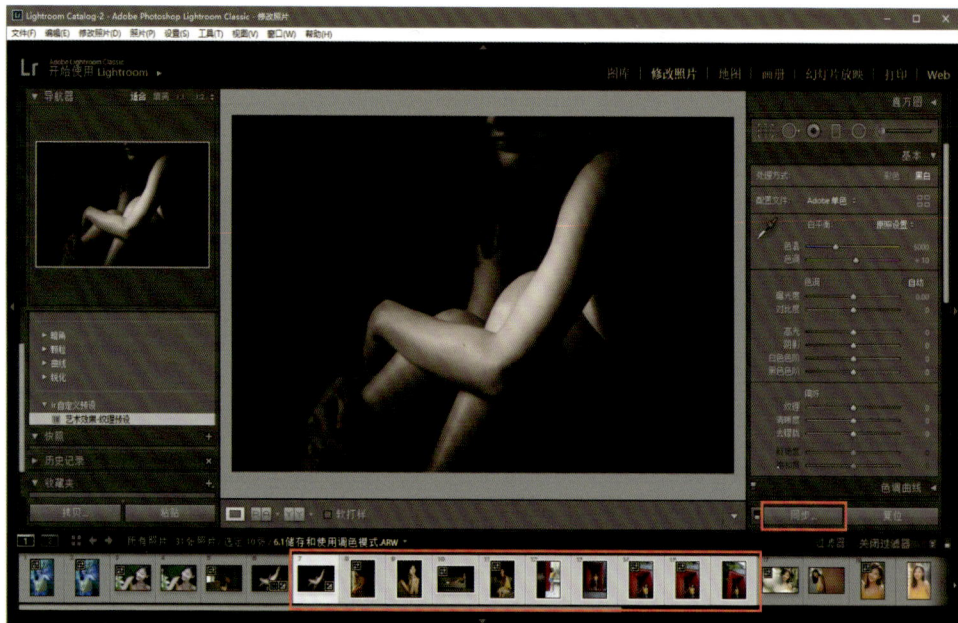

　　单击"同步"按钮，出现了类似于"拷贝设置"的"同步设置"对话框。

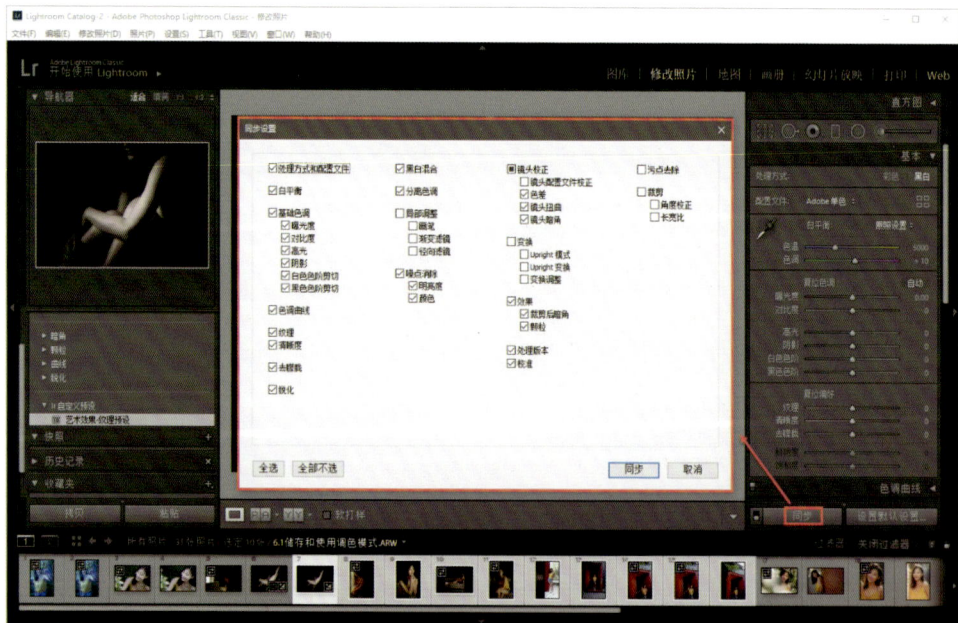

　　单击对话框中的"同步"按钮，就可以看到所有的照片都应用了同一种预设效果。

本节介绍了如何在 Lightroom 中通过预设的设置，把已经处理好的图像的效果快速地应用到其他图像上。

6.2　生产 HDR 风格图像

本节将介绍在 Lightroom 中创建 HDR 图像的基本技巧。

本节知识点

◆　什么是 HDR 图像。

◆　如何在 Lightroom 中创建和调整 HDR 图像。

当拍摄一张光比非常大的场景照片的时候，单张照片的宽容度往往是不够的。想要在一张照片、一个场景中，既保留高光的细节，又保留暗部阴影的细节，这时候 HDR 技术就有比较大的应用空间。

相比普通的图像，高动态范围图像（High-Dynamic Range，HDR）可以提供更多的动态范围和图像细节。HDR 图像是根据不同的曝光时间的低动态范围图像（Low-Dynamic Range，LDR），并利用每个曝光时间相对应的最佳细节的 LDR 图像来合成的。

原来应用 HDR 的时候，基本上会在同一场景拍一张过曝的照片，保留阴影部分和暗部细节；再拍一张正常曝光的照片，保留中间调部分的细节；然后再拍一张欠曝的照片，保留高光部分的细节；最后通过后期的手段，用软件把所有拍摄到的曝光度不同的照片合并到一起，合成一张效果理想的作品。可以简单地将这种方法理解为 HDR 技术的应用。

下面，用一个案例来介绍为什么应用 HDR 技术可以获得单张 RAW 文件所没有的图像质感以及细节。

打开 Lightroom，导入 HDR 演示素材。这是在同一个场景下使用三脚架用不同的曝光参数拍摄的几张照片。

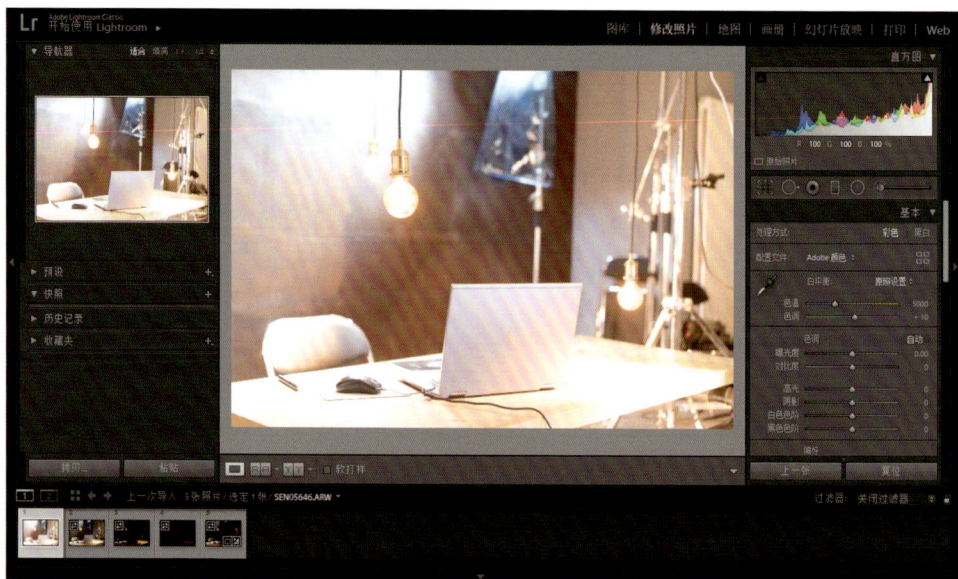

按 <I> 键可以查看照片的曝光参数，这一张照片的光圈是 f/2.8，感光度 ISO 是 200，曝光时间是 1 秒。

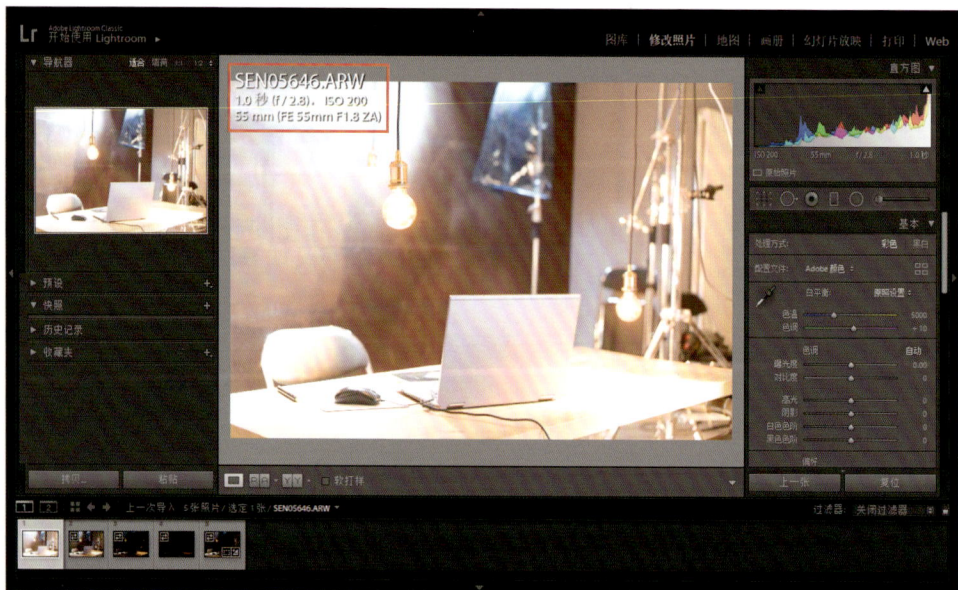

这张照片的曝光时间是 1/4 秒。

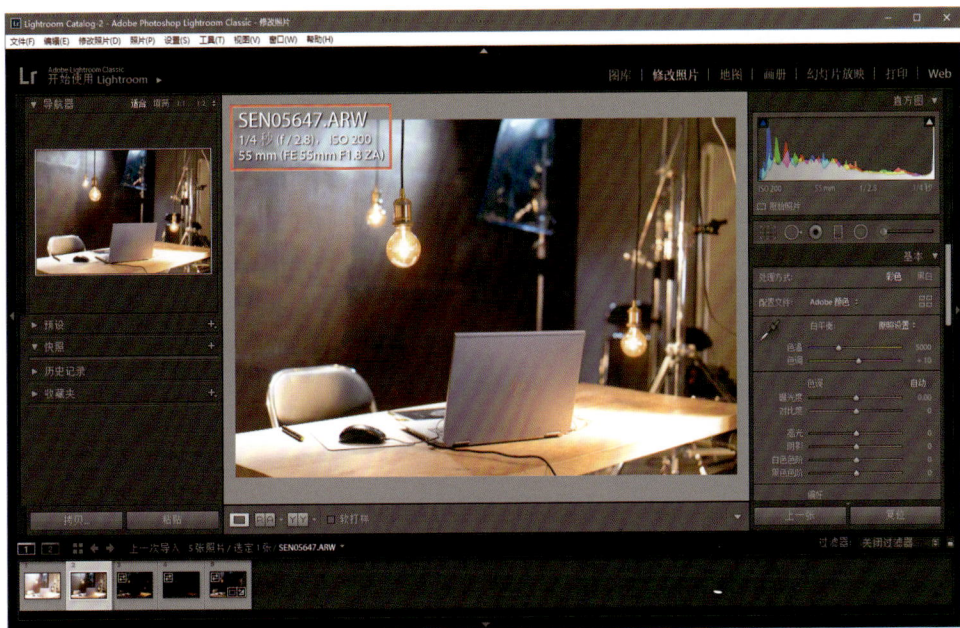

这张照片的曝光时间是 1/40 秒。

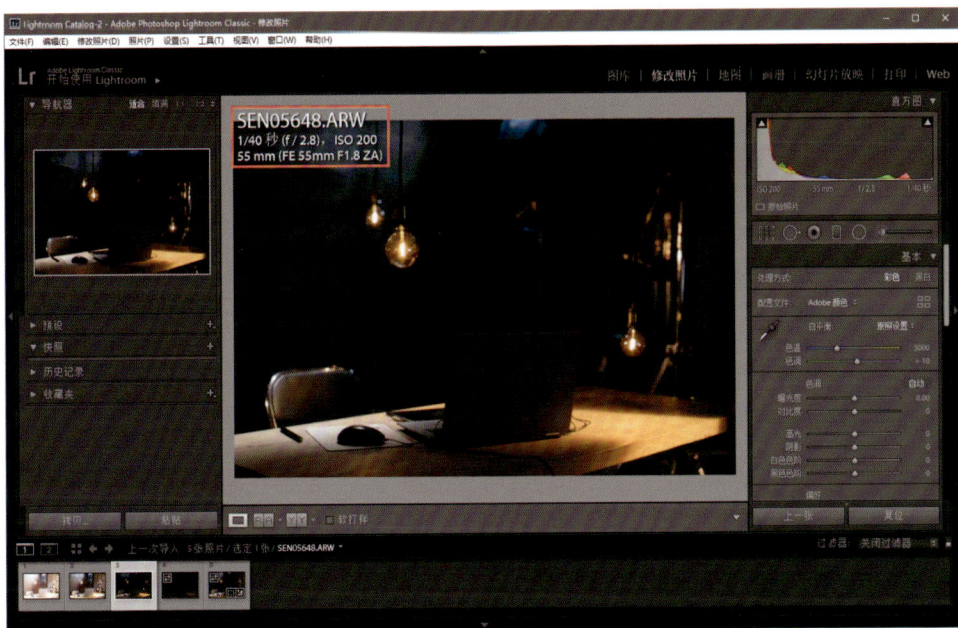

这张照片的曝光时间是 1/320 秒。

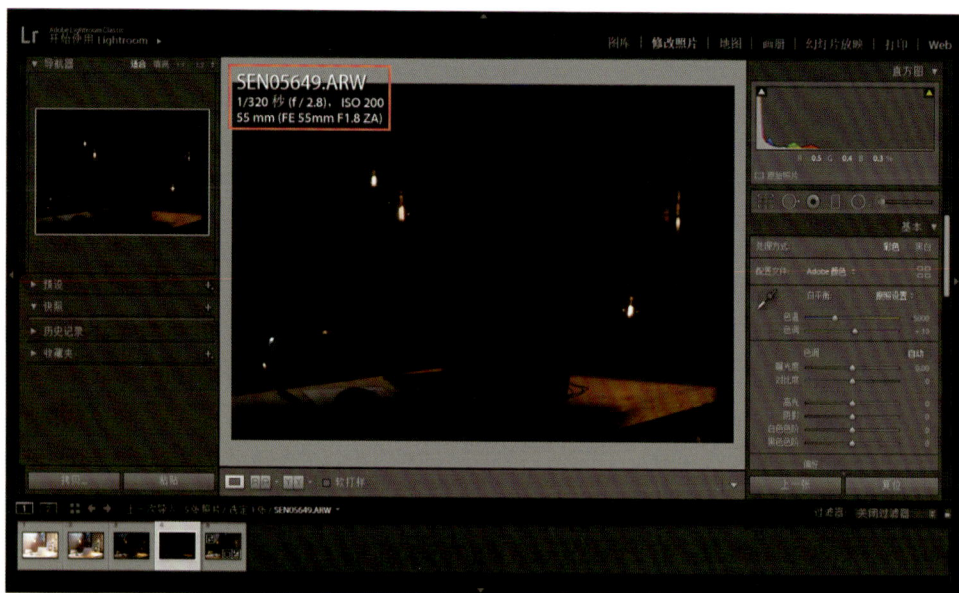

可以看到第一张过曝的照片保留了所有的暗部细节，第二张保留的是中间调的细节，第三张保留的更多的是高光细节，第四张极端地保留了灯泡中心的高光细节。

全选已经拍好的 4 张照片，然后在"照片"菜单栏中，单击"照片合并"的"HDR"选项。

或者右击照片，打开操作图的菜单选项，再单击"照片合并"的"HDR"选项。再或者使用快捷键 <Ctrl+H>。

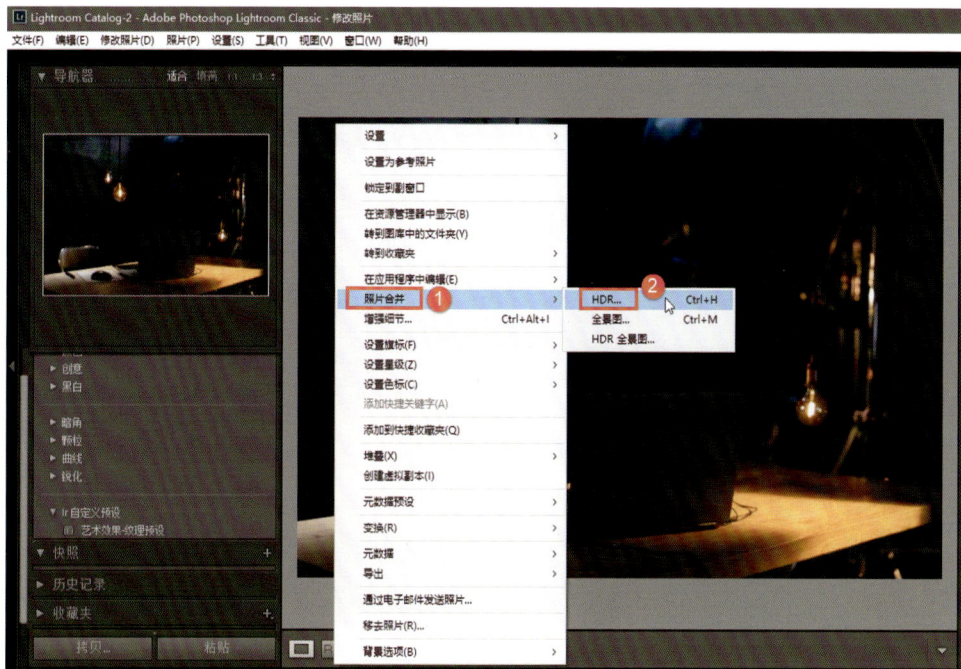

弹出对话框后，勾选"自动对齐"和"自动设置"选项，最后单击"合并"按钮。

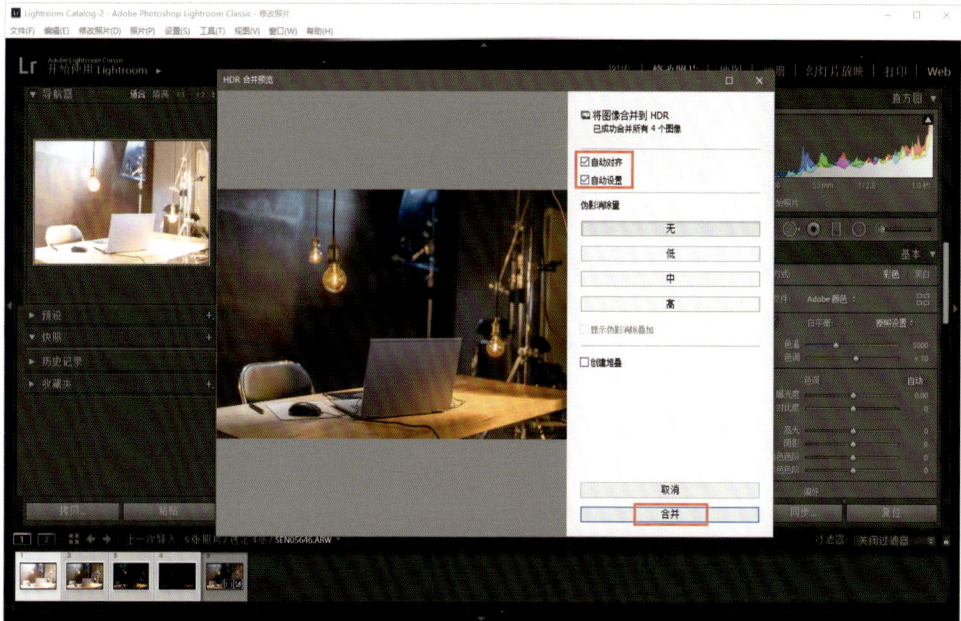

左上角的进度条代表 Lightroom 在处理这个 HDR 图像，处理好之后会自动生成 DNG 格式的文件。

按 <D> 键进入"修改照片"界面，在右侧的工具栏中可以看到画面的参数已经有了一定的调整。

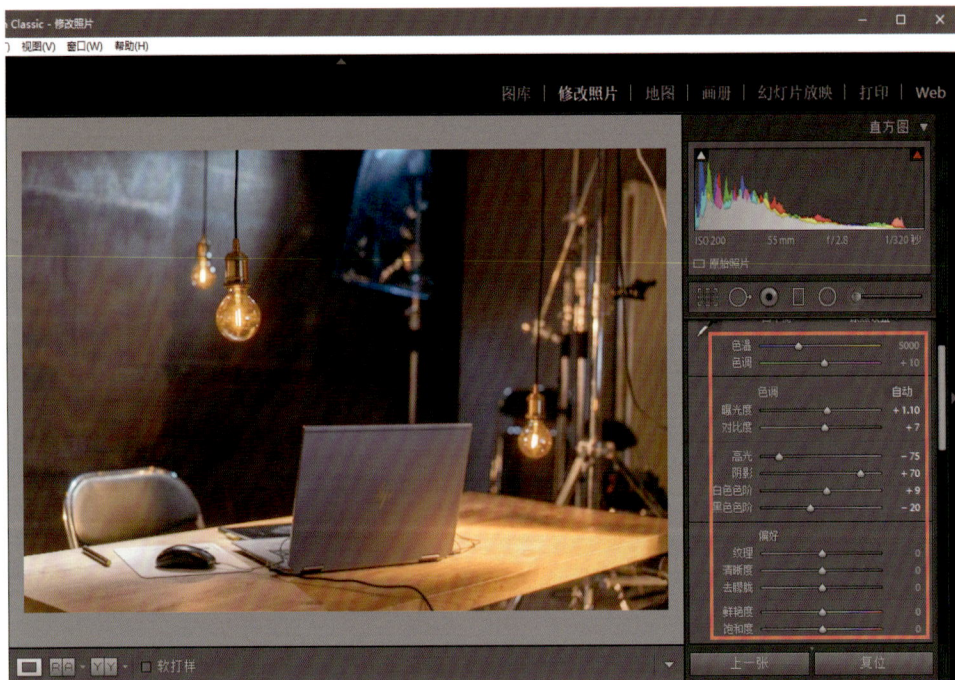

单击"复位"按钮，可以看到图像边角处有一些观感不好的地方，运用之前讲过的画面校正的方法，自动校准图像。

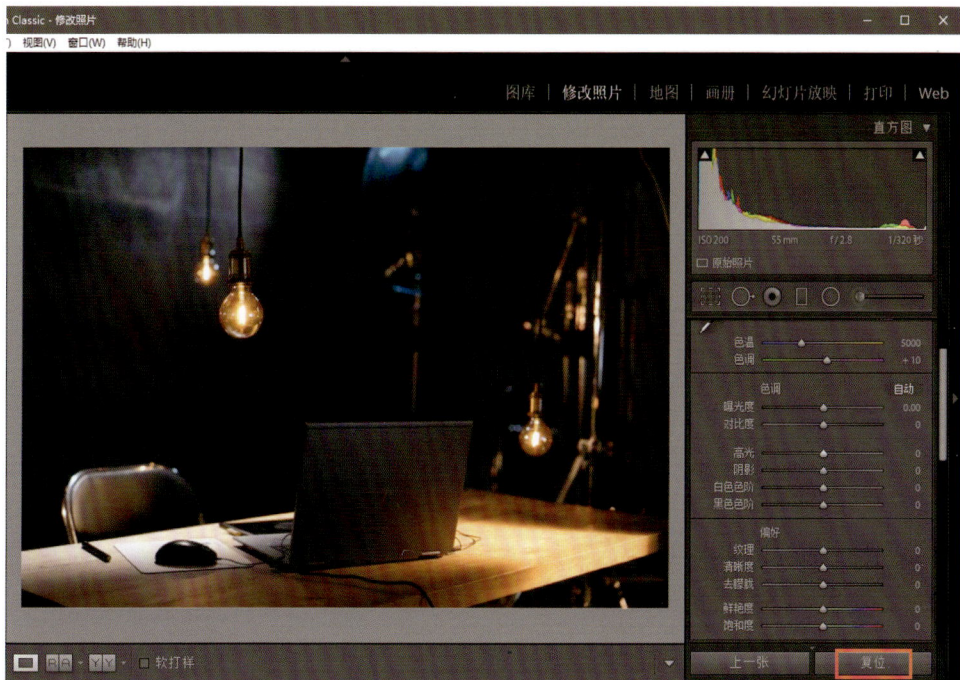

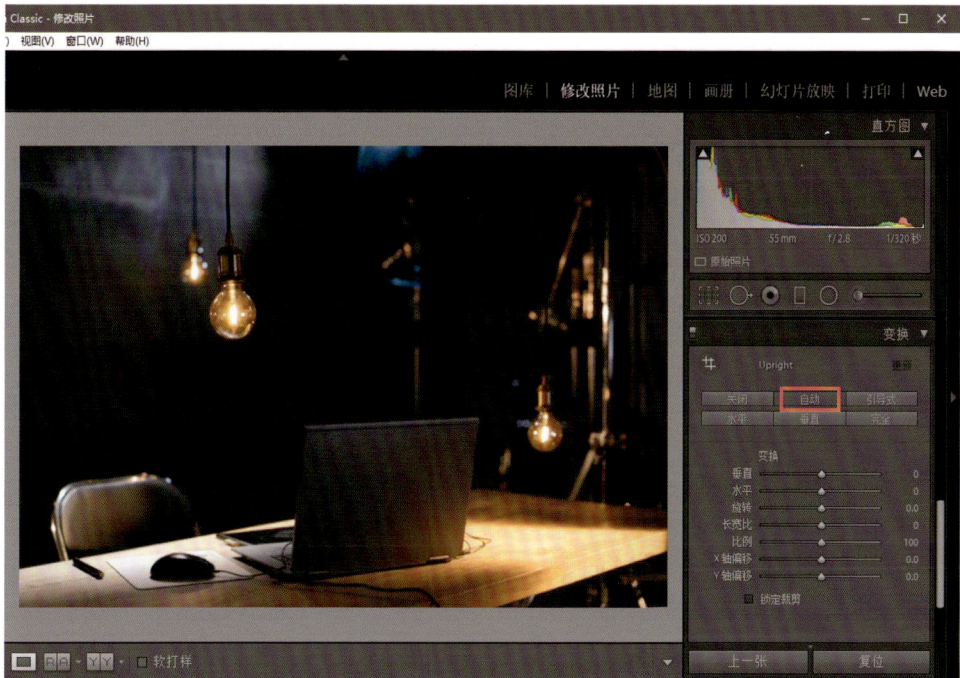

　　重点关注曝光度以及各部分保留的细节。通过调高曝光度或者调高阴影，可以看到在暗部的位置，所有的细节都很少，特别是暗部的噪点。这也就体现了刚才所提到的，HDR可以最大程度地保留整个场景的不同亮度区域的细节。

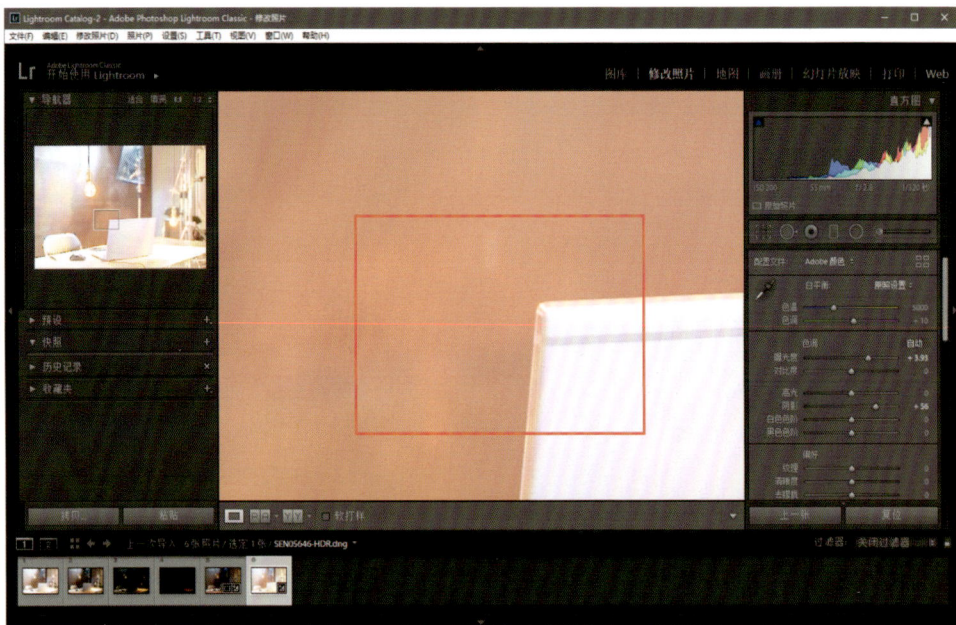

同样，通过降低高光，灯泡位置的高光细节也可以很好地还原。

以单张 RAW 照片作为对比，打开一张正常保留高光细节的照片，并右击照片打开快捷菜单，单击"创建虚拟副本"选项，单独修改照片。

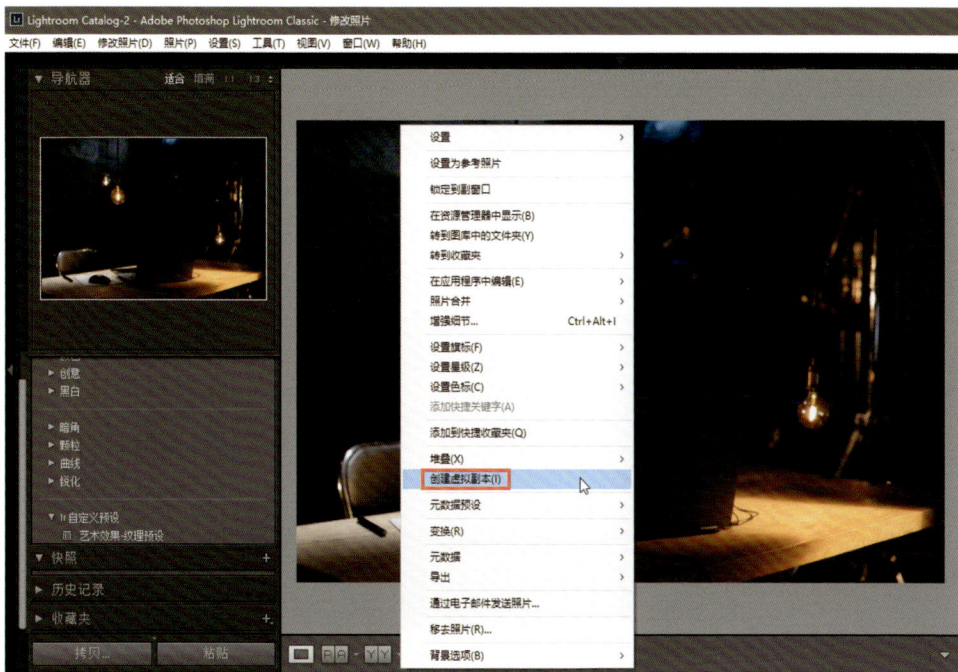

调高"曝光度"和"阴影"，可以明显地看到暗部的噪点。

　　按 <C> 键对比两张照片，可以明显地看到左边的 RAW 照片的噪点更多。虽然单张 RAW 照片的宽容度已经比较高了，也能还原暗部细节，但仍有很多噪点和杂讯，而通过 HDR 合并，可以看到暗部细节，尤其是噪点的数量，控制得非常好。

本节介绍了如何在 Lightroom 中创建和调整 HDR 图像。

6.3 构建全景图

本节将介绍如何在 Lightroom 中创建全景接片。

本节知识点

◆ 在 Lightroom 中如何构建全景图像。

先简单地讲解一下接片，以及在什么样的场景下会使用到接片这种技术。当对像素有较高要求的时候，如将照片打印出来并展览，这个时候接片就有了用武之地。

或许有人会说，现在也有一些高像素的摄影器材，无论是全画幅，还是中画幅，用广角镜头就可以把很大的场景拍摄到一张照片中。但是它的透视效果与使用中长焦段的镜头拍摄的照片的透视效果，或者通过拼接手段合成出来的一张全景拼接图的透视效果是不同的。接片技术可以有效地减少由广角，特别是超广角带来的画面畸变。

下面来看具体的案例。

打开Lightroom界面，笔者为了演示接片的应用效果，专门拍摄了8张照片。一般用到接片技术的照片，大部分情况下都是竖拍的，而且焦段是中长焦段。尽可能保证每两张照片之间有20%~30% 甚至更高的重合空间，这样才能给软件足够的计算空间。

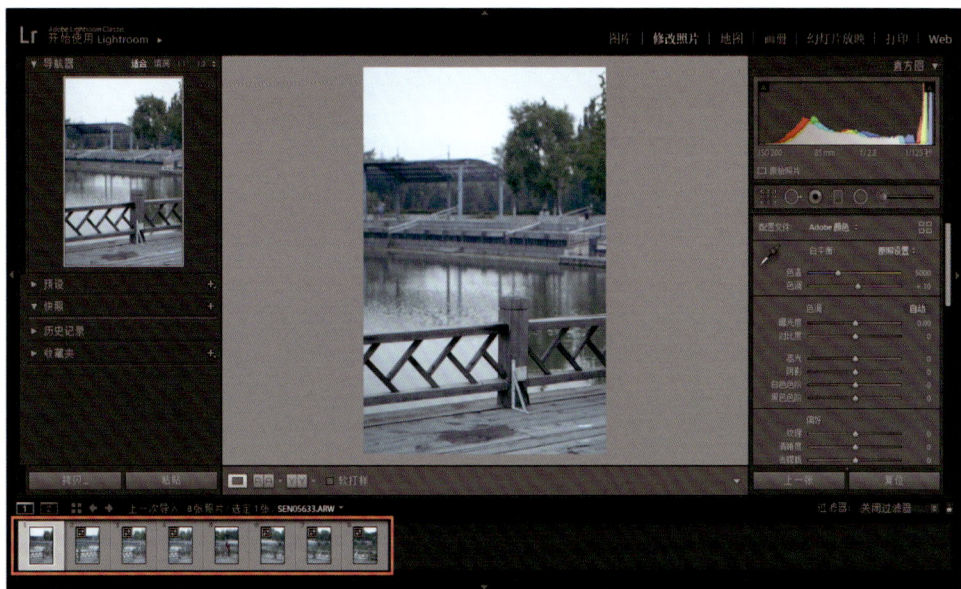

笔者专门在这些照片中放入了主体人物。因为人物和风景不一样，风景一般可以认为是静止不动的，而人物虽然会尽可能地保持不动，但也难免会有一点点细微的变化，所以含有人物的照片，与左右两张的照片重合的部分带有的人物区域是相对比较少的，这样可以保证最终合成出来的人物主体的部分是以人物这一张照片为主的，人物的信息就会得到比较完整的保留。

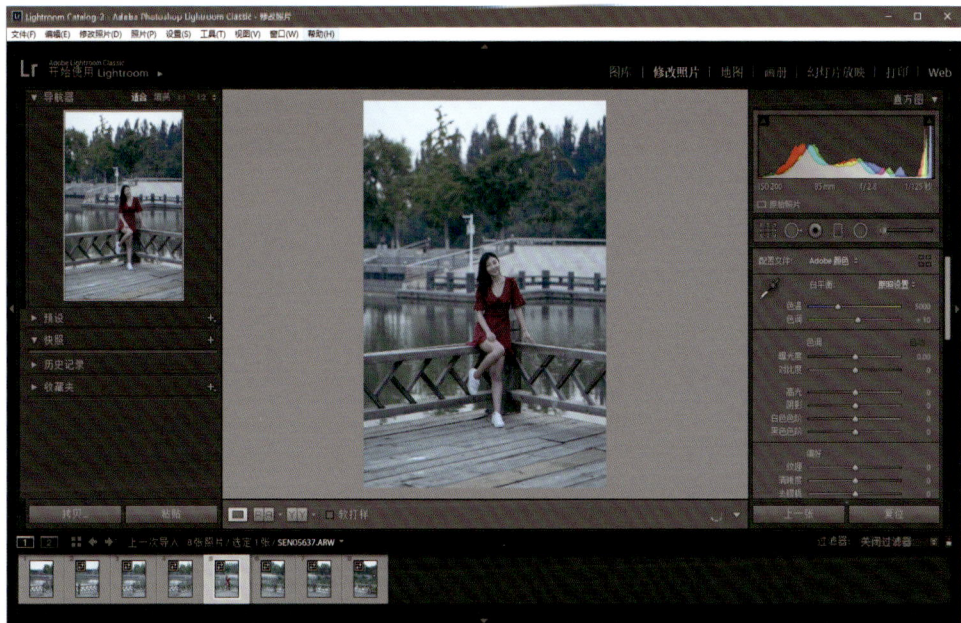

下面介绍具体的操作。全选这8张准备合成的照片，在工具栏中单击"照片"菜单栏，选择"照片合并"中的"全景图"选项。

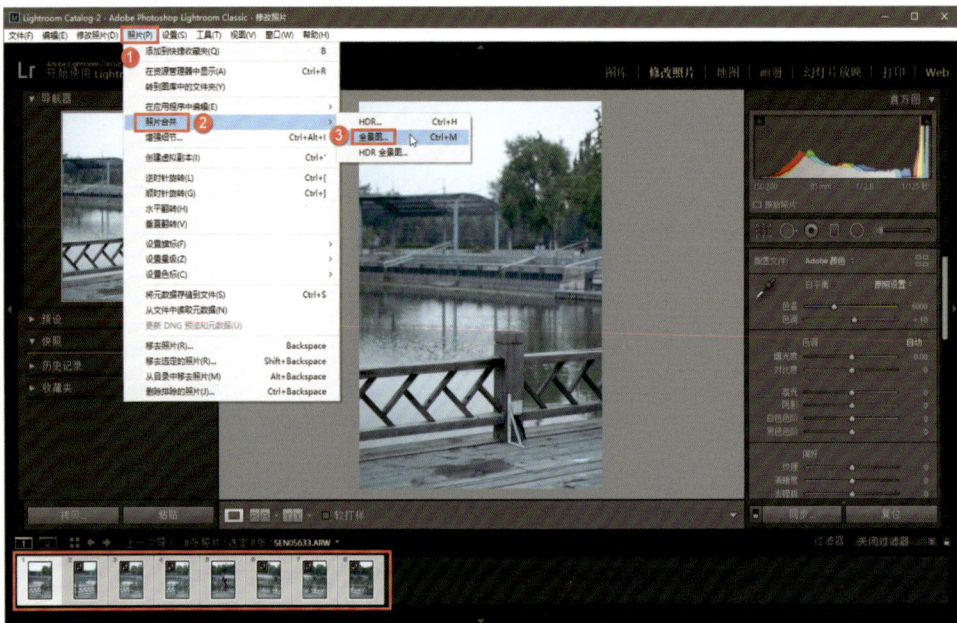

或者右击照片打开快捷菜单，选择"照片合并"中的"全景图"选项。

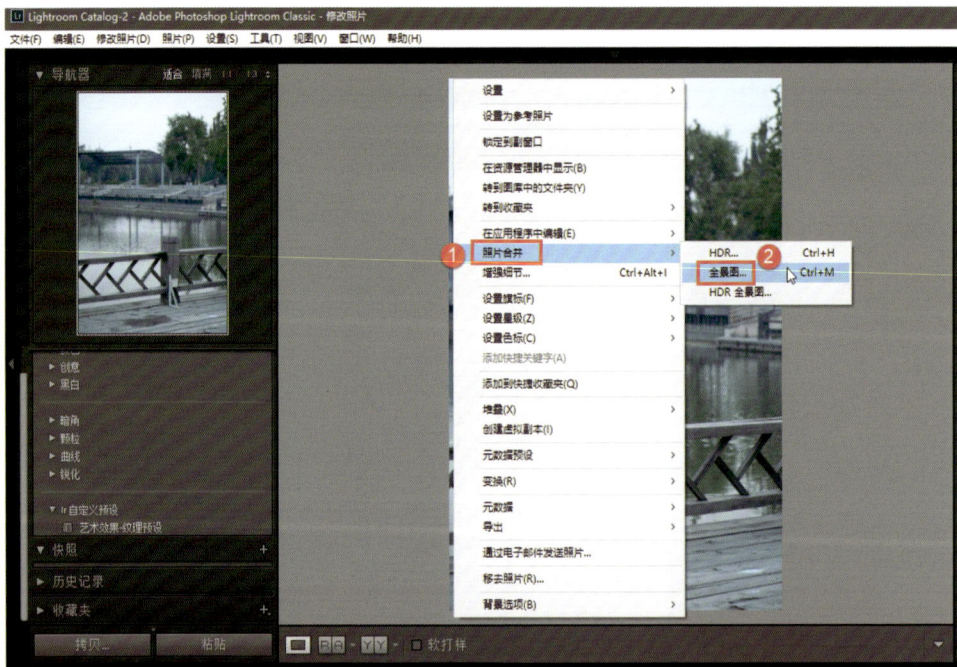

Lightroom 会自动创建全景图。合并完成后，可以看到"自动裁剪"和"自动设置"选项已经自动勾选了。

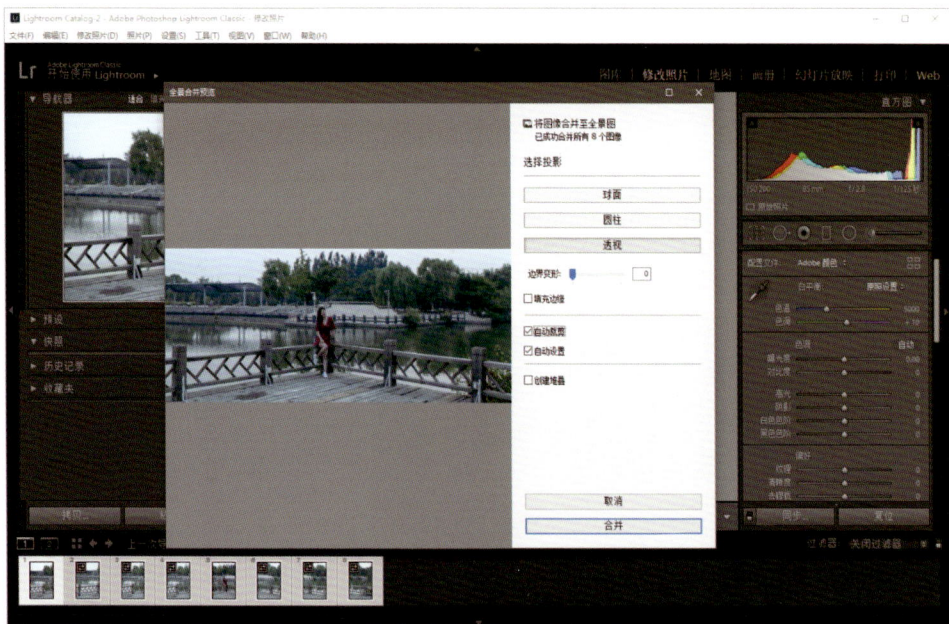

先取消勾选"自动裁剪"，观察正常拼接出来的效果。

图像右侧有"球面""圆柱"和"透视"的投影选项。可以每一个选项都试一下，看哪一个选项的效果是最符合预期的。

球面

圆柱

透视

对比3个选项的应用效果，对这张照片来说，"透视"是最适合这个场景的，观感比较舒服。再勾选"自动裁剪"选项，图像多余的部分都会被裁剪掉。最后单击"合并"按钮。

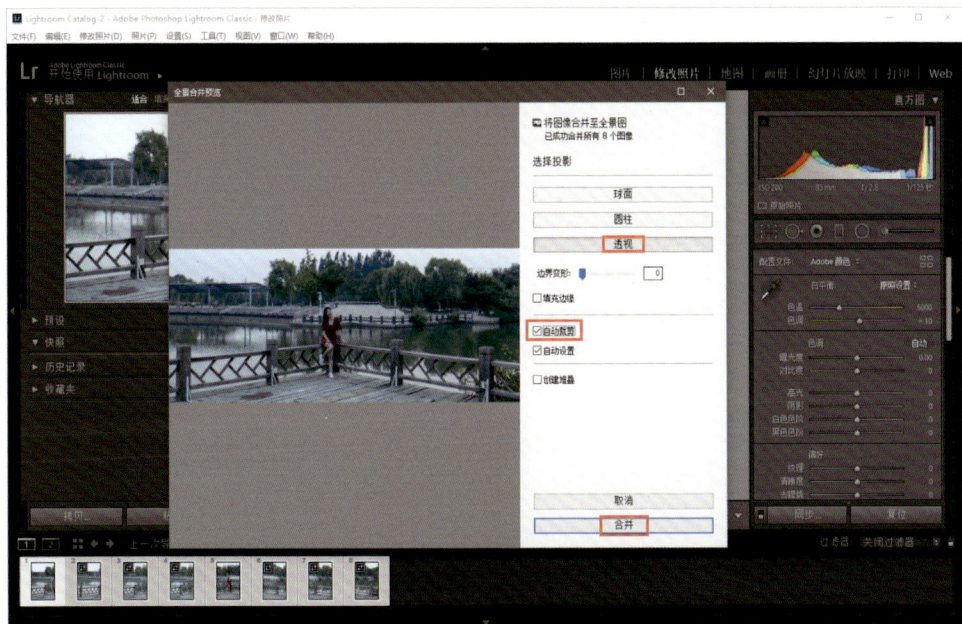

左上角的进度条代表 Lightroom 在计算、处理照片。拼接完成，单击这个 DNG 照片，下图展示了拼接出来的全景图。

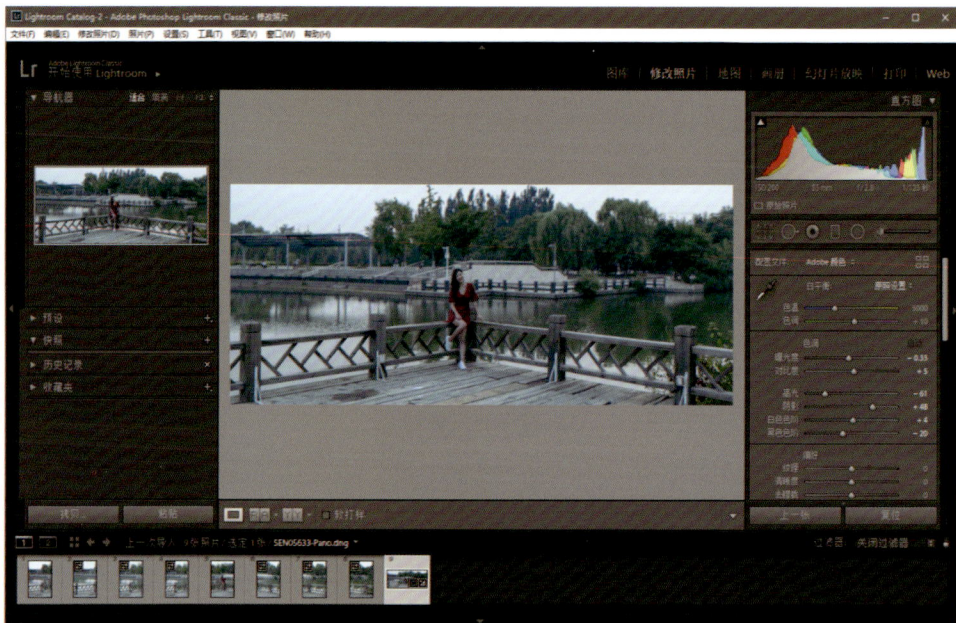

按 <Tab> 键可以更全面地看到这张全景图的效果。

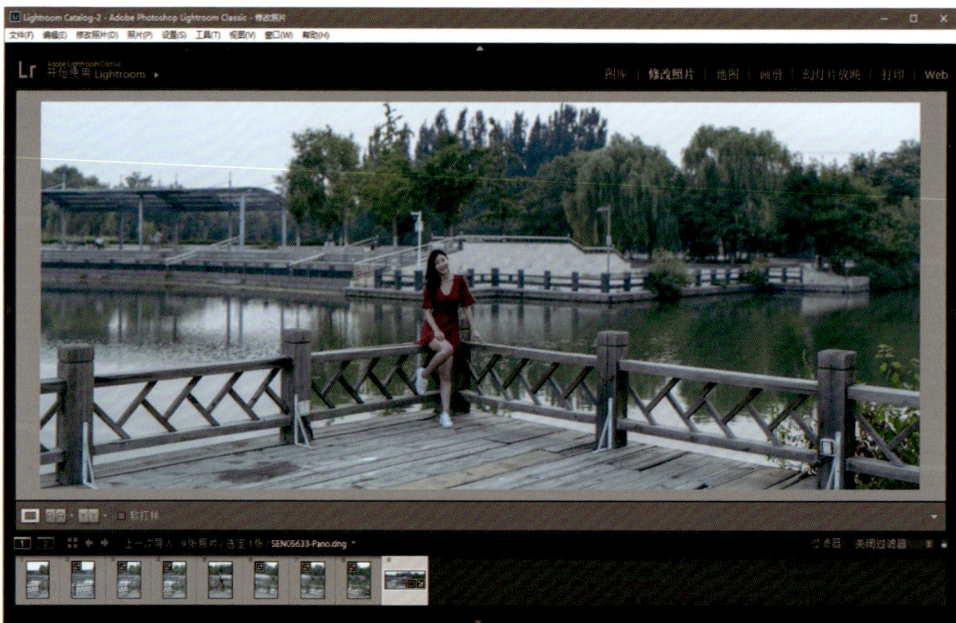

8 张照片合成在一起，载入速度相对会慢一些。载入后可以看到人物主体的细节都保留了。

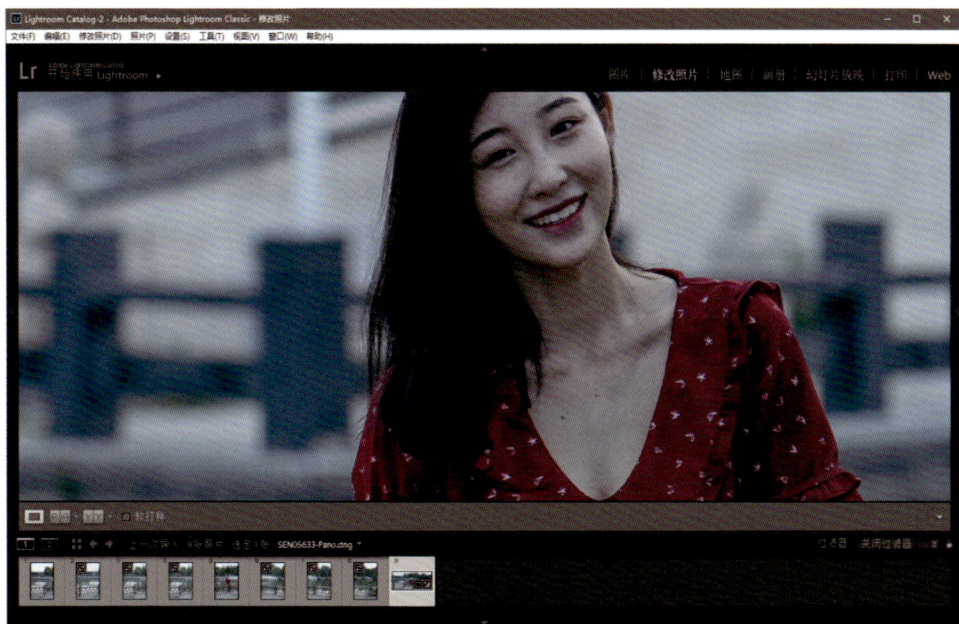

　　现在来修改这张全景图。一般可以适当地调高"曝光度"和"对比度"，调节"色温"，使色温偏暖一些，还可以继续调节"黑色色阶""色相""饱和度""高光"和"阴影"等参数。

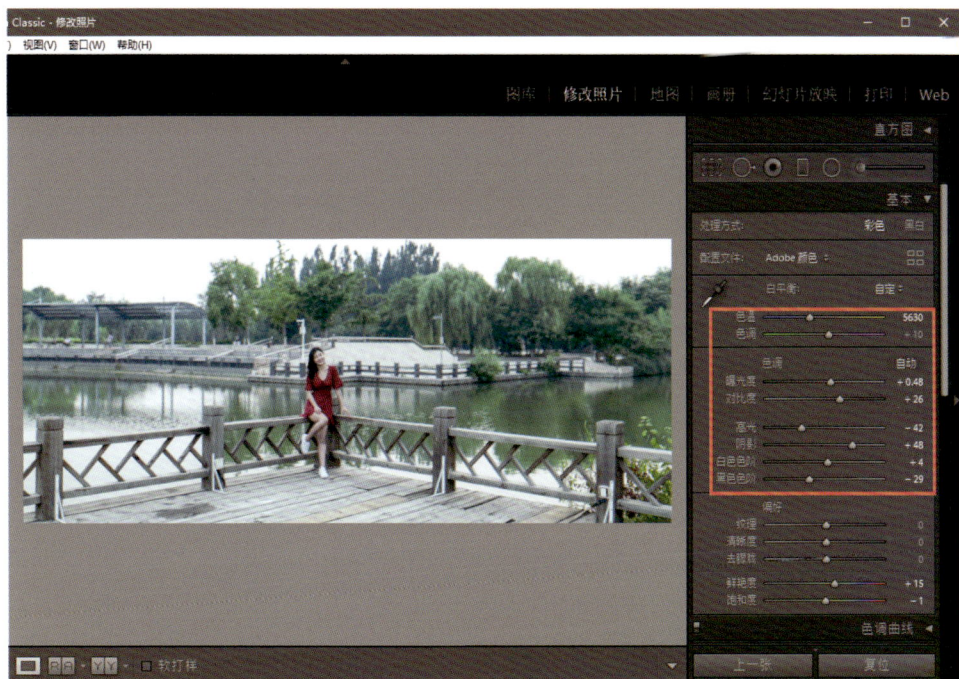

　　调节画面颜色的"色相"和"饱和度"，将绿色色相往黄色调一点，稍微降低蓝色的饱和度。

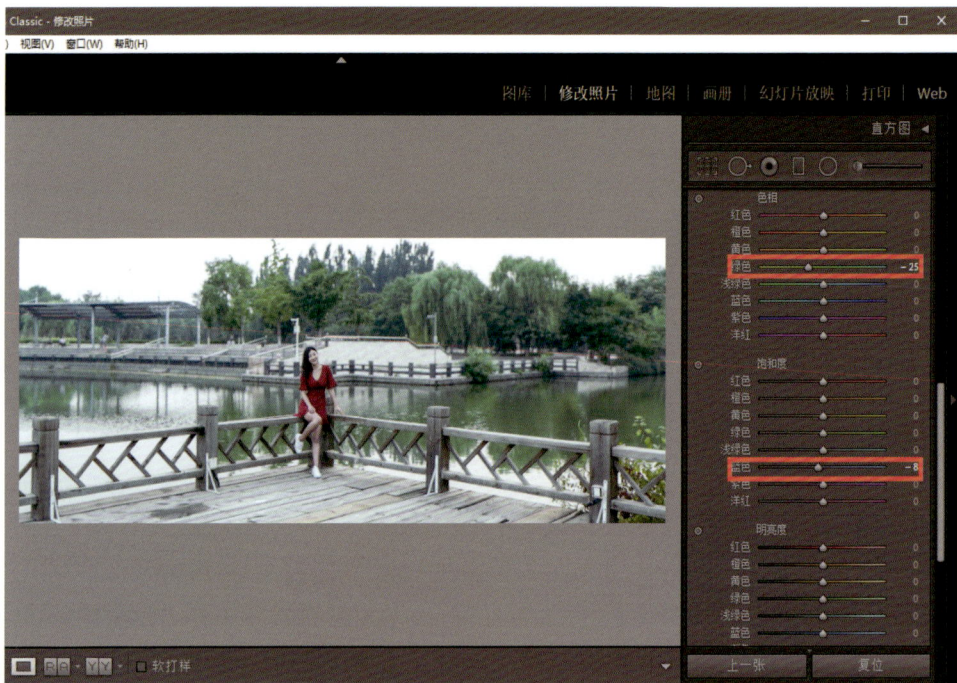

接下来是分离色调的调节。调整高光部分的色相至暖色调，调节阴影部分的色相至冷色调。

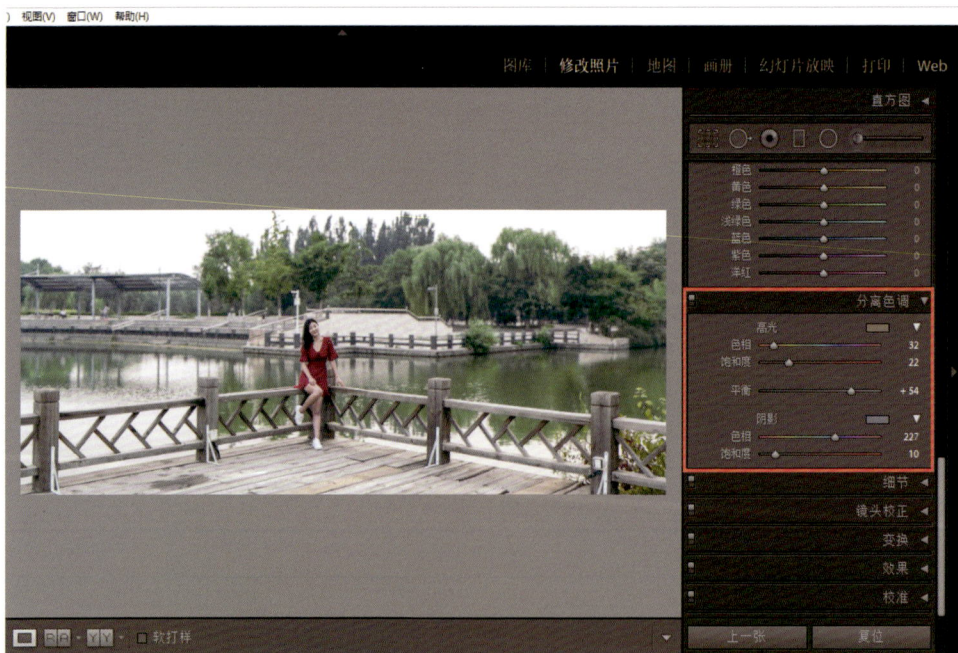

再做一下变换调整，校正边缘位置的垂直方向。因为前期拍摄使用的是中长焦段镜头，人物不够修长，所以此时可以适当地增大长宽比，让人物显得更加修长。最后勾选"锁定裁剪"选项，把边缘多余部分裁剪掉。

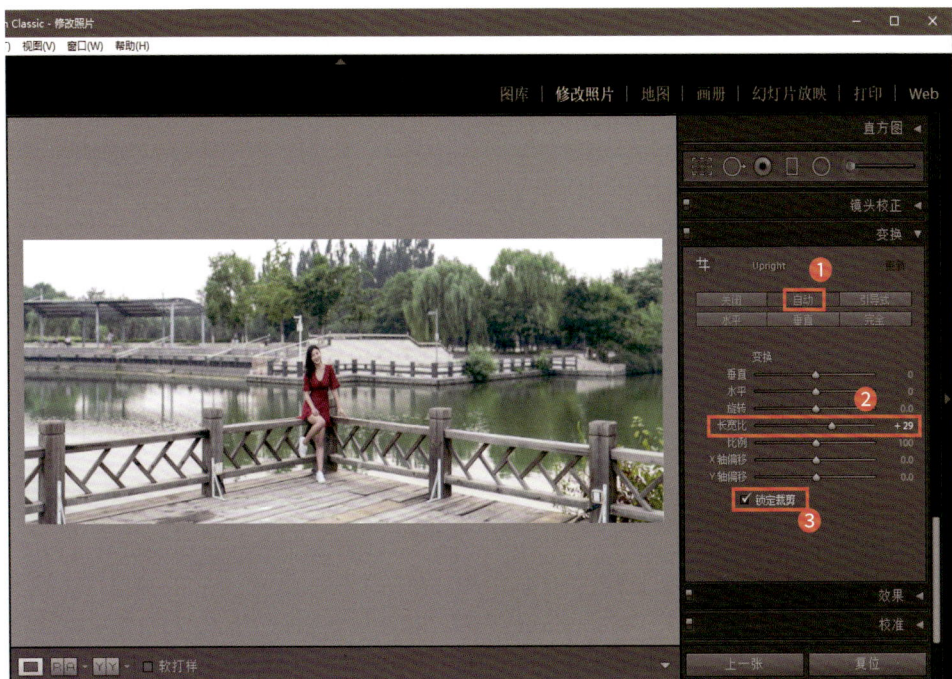

　　再调节背景的颜色。从上往下给天空添加一点渐变，从天空到人物主体有一个渐变的过渡，调低一点"去朦胧"的值。

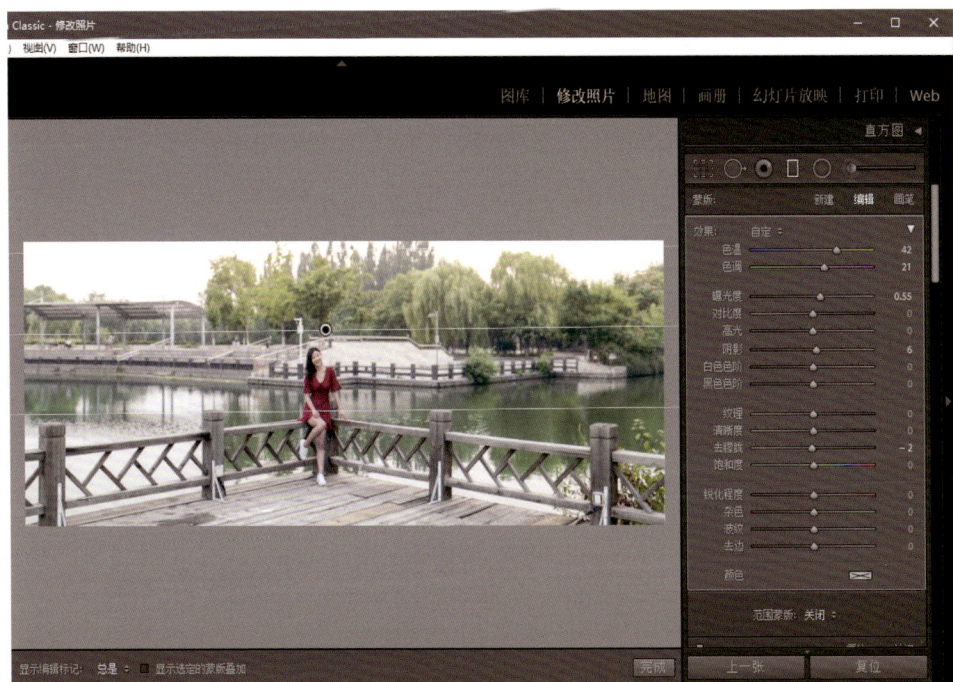

　　再给地面添加渐变，按住<Alt>键，单击"复位"按钮，这样所有的参数都会复位。将"曝光度"调低一点，"对比度"调低一点，"阴影"调高一点，从下往上拉一个渐变，让地面更暗一点。

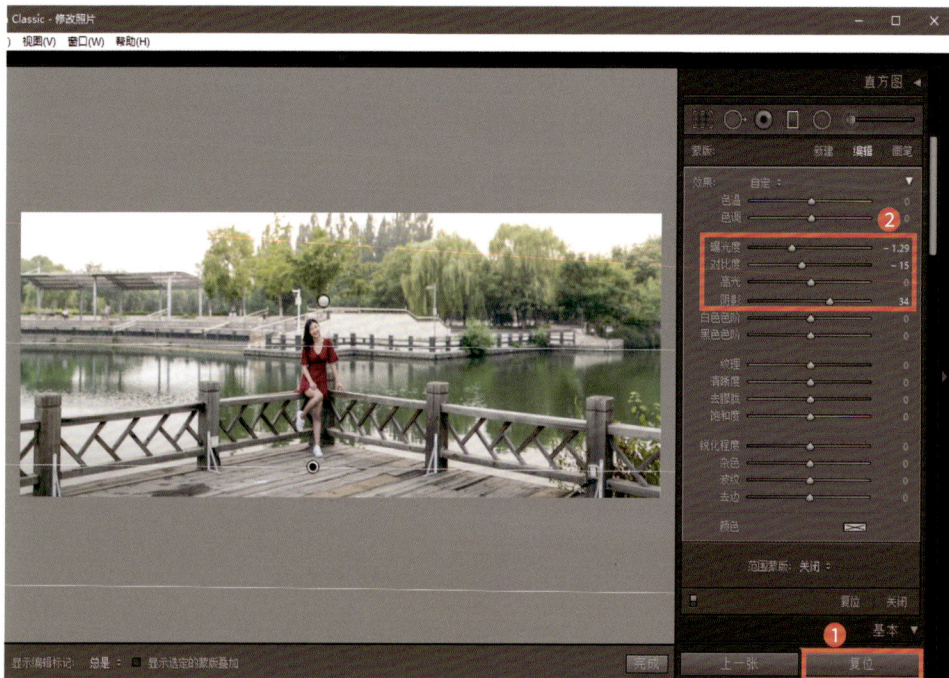

　　添加一个径向滤镜，让人物再突出一点。放大图像检查人物有没有过度曝光，调节一下曝光度。

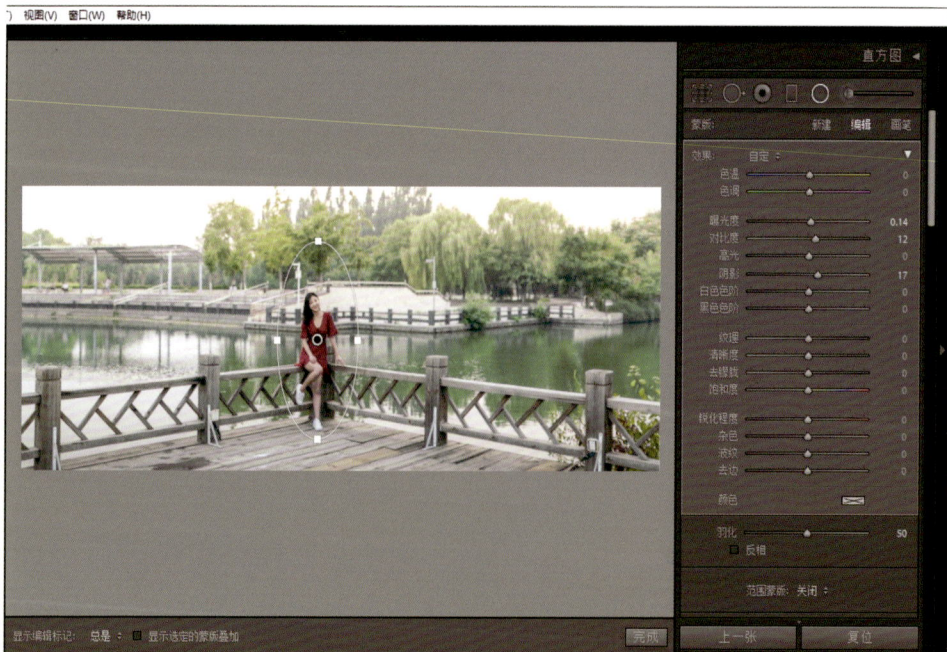

单击"完成"按钮，这张照片就处理完成了。

观察画面的左右两侧，如果左右两侧是对称的，则画面效果会更好，所以再裁剪一下。

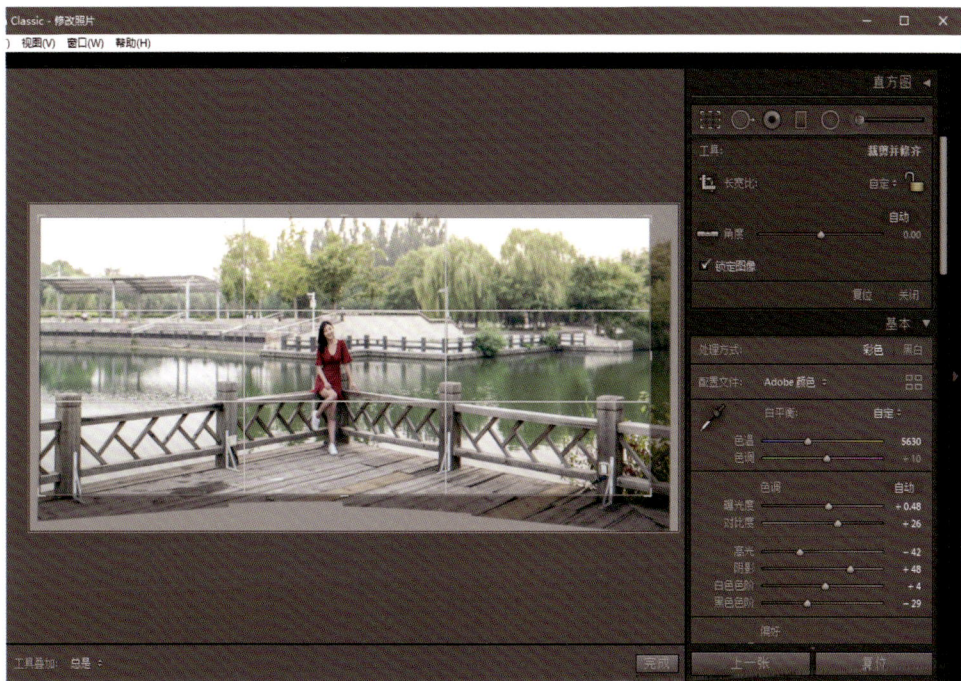

单击"完成"按钮。下图就是最后的处理结果，展示了全景拼接的效果。

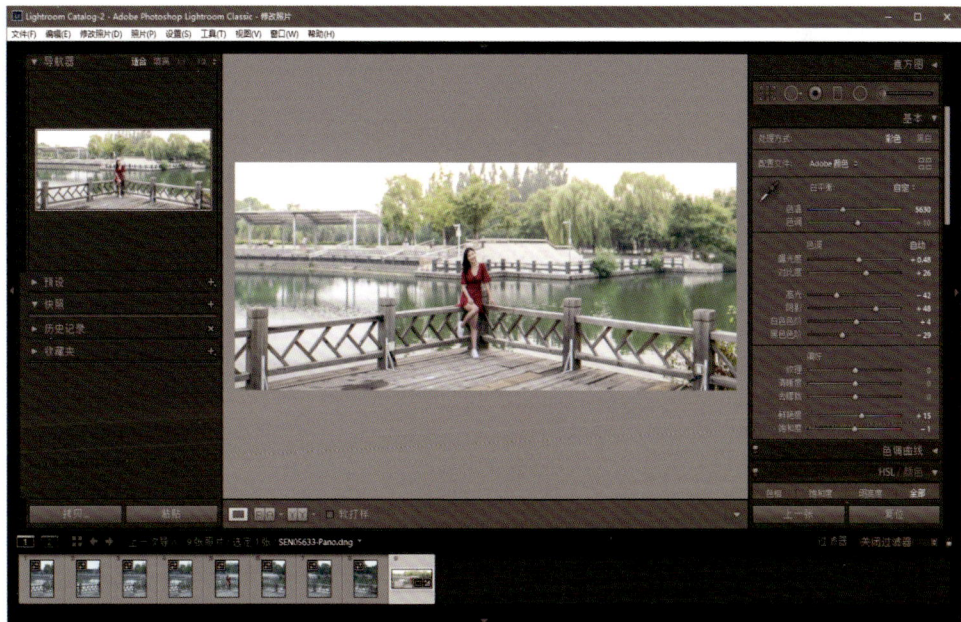

第 7 章

Lightroom 综合实战

LR

本章精选了当前比较流行的一些人像写真风格，介绍它们的后期调整思路。人像写真的调整重点在于影调与色彩风格的打造。

7.1 高调单色怀旧风格

本节将介绍如何综合运用之前学过的 Lightroom 各种处理照片的知识，把日常拍摄的一张普通照片处理成一张单色的、暖色调的、有怀旧感觉的照片。

在 Lightroom 中打开照片，首先把它转换成黑白照片，在右侧面板中单击"黑白"按钮，软件自动完成了转换。

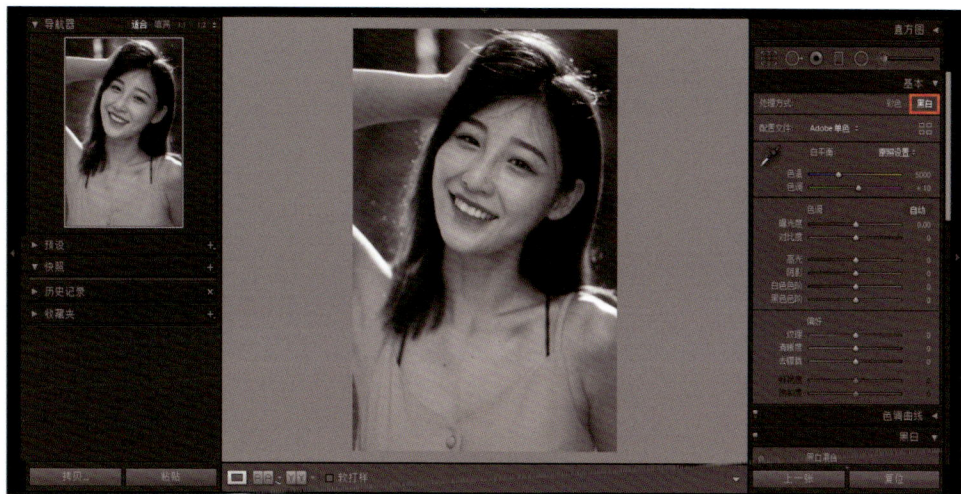

再打开"黑白"面板，单击"自动"按钮，可以看到色调分离的各个调整滑块。默认的效果还不错，也可以自己再调整一下各个色调，看是否还有优化的空间。

黄色主要为衣服的颜色，绿色只影响画面右上角的一小部分。

再回到"基本"面板。现在对"曝光度"进行调整，整体的曝光度要提高一点。"高光"也可以稍微调高一点。将"阴影"调高一点，观感会更好。"白色色阶"提高一点，"黑色色阶"降低一点，增强对比，如果不需要对比太强，就将"黑色色阶"再往回调一点。

"纹理"和"清晰度"可以不用做调整，因为整个画面已经比较柔和了。

调节色调曲线，"高光"不要调，调了画面会比较突兀。调高"亮色调"，让亮色的地方更亮一点，当调节这个参数的时候，整个画面的通透度又增强了一些。再调高"暗色调"，整个画面的调性越来越高。调低一点"阴影"，对比度不需要太强。

调整完成后，可以放大图像观察一下，也可以参考直方图，只有少部分高光过曝，这是可以接受的。

调整分离色调。照片现在是完全黑白的一种状态，如果想要使画面呈现暖一点的效果，可以运用分离色调工具。将高光部分加暖一些，阴影部分也可以加暖。

对于噪点消除和锐化操作，没有太大的必要。因为这张照片的感光度ISO比较低，所以基本上没什么噪点。放大图像，可见这个锐度的画面效果已经不错了。这是一张女性的写真，没有必要锐化得特别夸张，所以就不做进一步锐化调整。

下一步是镜头校正。勾选"删除色差""启用配置文件校正"选项，可以看到照片四周的暗角已经被消除了，此时可以保留这种效果，之后再手动添加一些暗角。

打开手动调整，增大扭曲度，这样人物变形的效果会更好，并且背景是虚化的，因此也不会对背景产生不利的影响。最后勾选"锁定裁剪"选项。

这张照片没有很清晰或者很明显的水平及垂直的线条，因此也没有必要调整"变换"下的参数。

添加暗角。原片调整后，整个画面的调性整体偏亮，这没有问题，但是背景的光照在拍摄时比人物主体暗一些，当去除了暗角之后，背景随之变亮。在这里手动地增加一些暗角，让人物与背景之间的层次对比更鲜明。然而这也会带来一些问题，画面的左下角和右下角同样也增加了暗角，解决办法是使用径向画笔等其他局部调整工具去除这两个地方的暗角。

先添加暗角，将暗角调节得比较柔和，之后再进行局部调整。

对于噪点，可以在这张照片处理的最后阶段再添加。

下一步是添加渐变。打开径向画笔工具，增加曝光度和阴影，在左下角和右下角分别添加两个径向。通过径向画笔的运用，去除刚才添加的暗角。

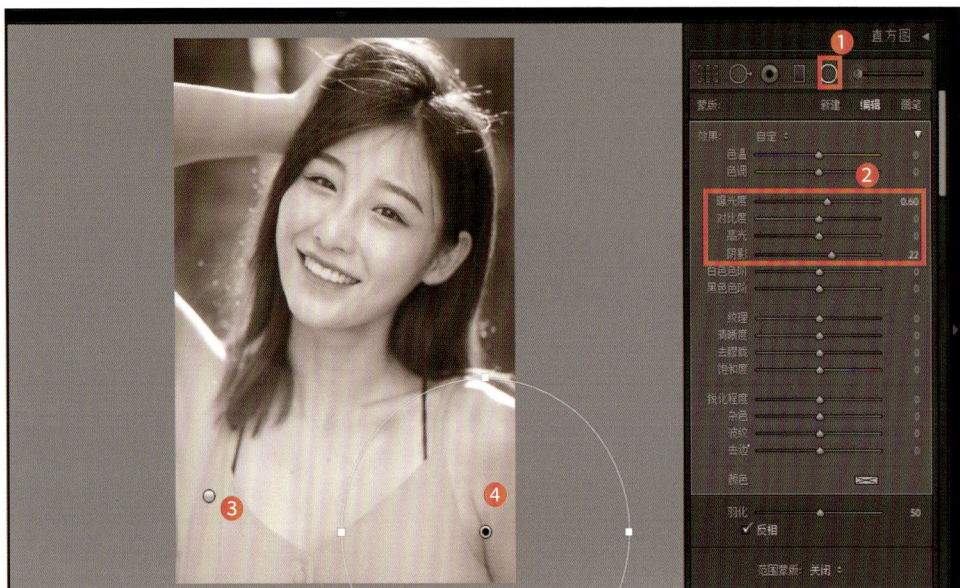

由于在拍摄时这张照片，光源在人物的后方，人物处于一个逆光的场景中，有比较明显的轮廓光。太阳光从后方过来，因此可以考虑新建一个径向，以营造光晕，达到光线从人物后面延伸到人物前面的梦幻效果。调高"曝光度"，"去朦胧"调低一点，"阴影"调高一点。径向拉出来之后，整个画面产生了一种淡化、柔化的梦幻效果。也可先把径向拉出来，再进行参数值的细微调整。

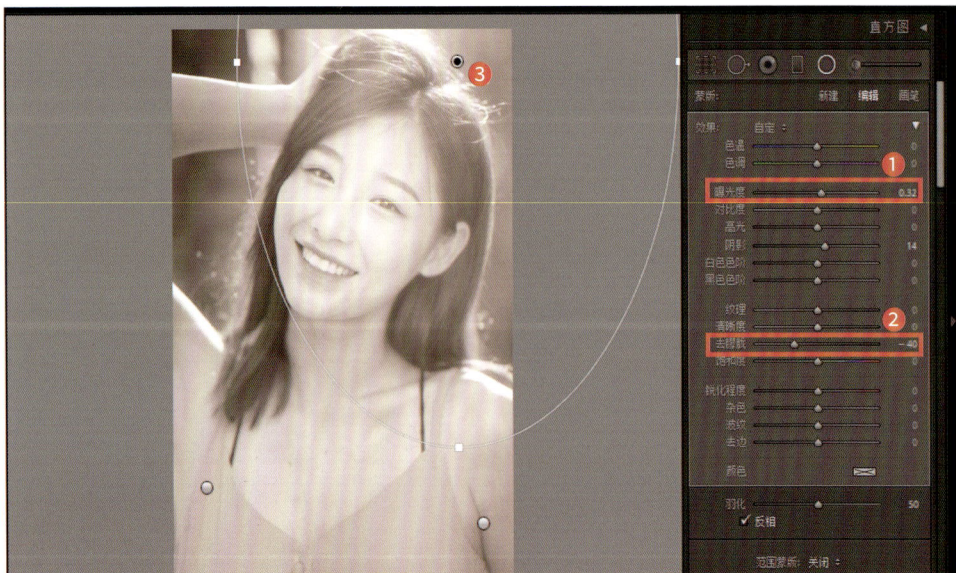

修改完成后，再参考一下直方图，面部的高光没有过曝。高光过曝的地方还是人物肩部的区域，但是这个区域不是整个画面最核心的需要保留高光细节的部分，所以该区域高光过曝是可以接受的。

现在又出现了一个新的问题，人物的头发部分还是有一点暗。再新建一个径向，稍微调整头发部分的亮度，只要稍微调高"曝光度"和"阴影"，让头发与整体的融合效果更和谐。

再回到"基本"面板，观察整体效果，判断是否有必要做进一步的细微调整。

当整个画面的效果已经定型后，再考虑手动添加噪点。放大图像，先增加一定数量的噪点，习惯性把"粗糙度"也调高一些，"大小"也调高一点。噪点添加完成后，再来看画面整体的效果，会发现画面观感更好了。

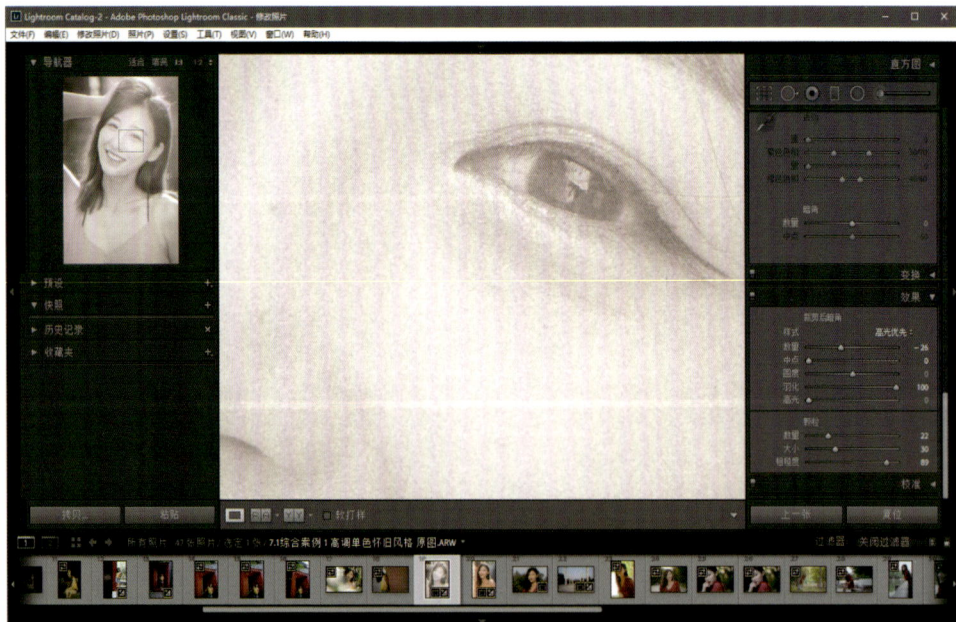

　　光晕部分有一点亮，选择径向滤镜，单击激活头部上方的径向滤镜，然后微调"去朦胧"和"阴影"的值，避免头顶的光晕过于明亮。

　　人物面部还有一些斑点，用污点去除工具把面部比较明显的斑点去除，再仔细检查一下其他部位有没有污点。

不断地对局部进行调整，就可达到最和谐的画面效果。对比一下修改前后的效果。

在本节的案例以及之后章节的案例中，希望大家不要只关心调节了哪些参数或者使用了哪些Lightroom 技巧，而应该更多地将注意力放在每个参数的微调效果上，这也是笔者作为一名摄影师，学习Lightroom 时感受非常深的一点。

利用我们之前介绍的技术手段来对任何一张照片进行影调与色调的调整，都不会很难，真正困难的是把握每一步操作的"度"。这个"度"的把握更多的是依靠自身多年拍摄和修图的经验积累，以及品位和审美的提升。

7.2 室内柔和自然风格（上）

本节将介绍如何为在室内拍摄的人像照片调出清新、柔和、自然放松的风格效果。

打开 Lightroom，打开要处理的照片，这是一张在室内拍摄的照片。

这张照片的色温还行，主要的问题是整体有些偏暗，因此先把"曝光度"调高一点，让画面更明亮一些。需要适当地调低"对比度"，使画面呈现更柔和的效果。"阴影"也需要调亮一点。"白色色阶"和"黑色色阶"都调高一点。调整完后整个画面变得更明亮，也更柔和。

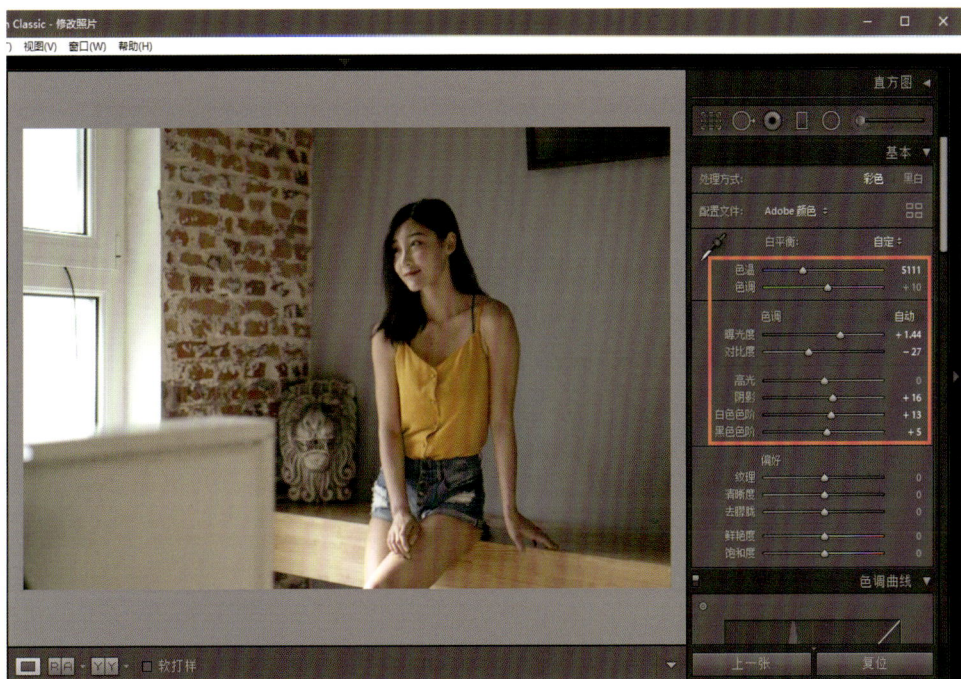

"纹理""清晰度"和"去朦胧"暂时先不做调整。

　　关于色调曲线，"高光"需要调低一点，适当调高"亮色调"与"暗色调"，"阴影"也调高一点。因为需要柔和的画面效果，不希望对比度太强，所以在做这些调整的时候，要将高光部分压暗一些，将阴影部分适当地调亮一点。

　　因为人物的衣服的黄色与裤子的蓝色都有一点深，所以在"HSL/ 颜色"面板中，把这两个颜色的饱和度都降低一些，色相暂时先不做处理。降低了衣服的饱和度，同时墙壁和室内黄色环境光的饱和度也都降低了一些。如果提高了蓝色的饱和度，裤子的颜色会加深，所以需要降低蓝色的饱和度。

相应地，颜色的明亮度也需要调整。提高黄色的明亮度，对比度会更强一些，而这里需要减弱黄色的明亮度，使画面更柔和。同样地，蓝色的明亮度也要降低一点。

调高橙色的明亮度，会提升肤色的亮度，但是提升太多效果就有点假，记住之前说过的要把握这个"度"，稍微调高一点就可以了。

这张照片处理到这一步，主体的色调都偏暖。人物的肤色为橙色，配上黄色的衣服，人物坐的位置也是木色。墙壁是暖暖的红色，但这个红色不是特别饱和，墙壁、窗户和前景的颜色偏中性。所以画面中没有偏冷的色调，整个环境以暖色为主，而且所有的颜色搭配在一起已经比较和谐了。

利用分离色调工具可以很容易地给整张照片赋予不一样的颜色效果。把高光调暖，可以看到人物的皮肤、衣服，包括窗户、白色部分的墙壁、窗框以及人物坐的位置都呈现偏暖的效果。阴影的色调也是一样，调到偏黄、偏暖，也会有一样的效果。但是对于这张照片，要将高光部分调到稍微偏冷、偏清亮的色调，将阴影部分调到偏黄的色调。调高"平衡"，画面偏冷，调低就偏暖，在这里需要把它调低，使整个画面偏暖。与此同时，再调高"高光"部分的"饱和度"，这样窗户与人物皮肤的高光部分就会呈现清冷、清亮一点的色调。这张照片就可以用这样的方法来处理。

打开"细节"面板。这张照片的画面亮度原来是比较暗沉的，提高了亮度，尤其是暗部细节提升比较多之后，画面中就会出现一定的噪点，放大后可以看到噪点还是比较明显的。

放大人物面部，按<Alt>键，用黑白图来调节"明亮度""细节""对比度"，判断消除噪点的效果，将这些参数的值调到合适的位置。

　　对于彩色噪点，如果把"颜色"的值降低，可以看到噪点是非常明显的。默认的"颜色"的值为 25，这对去噪来说没有太大的问题，可以不做修改。

　　打开"镜头校正"面板，勾选"删除色差""启动配置文件校正"选项。对于这张照片，手动调整扭曲度没有太大意义。

　　在画面变换部分，习惯性地单击"自动"按钮，调整画面中倾斜的垂直线条。

这张照片的风格偏高亮，如果加上暗角，会破坏原有的氛围，所以这里不添加暗角。也先不添加颗粒，以最终的效果来决定是否添加颗粒。

现在做局部处理。先考虑添加渐变效果。因为整个场景中的光源是透过窗户的光线，光线的方向是从左到右的，为了顺应这种光线，可以添加从左往右的渐变。

适当地调高"曝光度"，按照整体图像的调性，向右拖动"阴影"滑块提亮暗部，增加阴影部分的亮度。其他调整先不做，后续可以再调整。从左上方往右下方拉出渐变。可以看到画面的左侧有点亮，可降低一点"曝光度"。

光线的方向就表现出来了，但是也不要调整得太突出。

在右下角新建一个渐变，做出暗角的效果，将右下角压暗，与左边添加的明亮渐变形成对比。按<Alt>键复位渐变画笔的参数。调低"曝光度""对比度"，调高"阴影"。这个暗角的效果不能太重，稍微有一点暗角的效果就可以了。也可以将渐变的范围扩大，同时对应的参数变化也要大一些。

添加了两个渐变之后，整个画面的亮暗分布就产生了变化，也会使观看者的视线从画面的右侧转向画面的左侧。

7.3 室内柔和自然风格（下）

本节将介绍径向滤镜的调整。之所以要做径向滤镜的处理，是因为刚才做的渐变处理，从左边到右边是从亮到暗的过渡变化，但是墙壁没有受到光线的照射，而正常情况下，应该考虑把墙壁的亮度压暗一点；相应地，人物的位置应该稍微提亮一点。这样整个画面中就形成了明暗的对比，增强了整个画面的效果。

按 <Alt> 键复位，在墙壁处添加径向滤镜，调低"曝光度"和"对比度"，调高"阴影"。

再在人物的位置添加一个径向，调高"曝光度""对比度"和"阴影"。

　　对比调整前后的照片可以看出，没有添加径向的时候，墙壁和人物之间没有明显的明暗层次；添加了径向之后，观看者更容易将视线集中在人物上面。墙壁一侧被压暗，加强了画面空间的深度。

　　单击"完成"按钮之后，看一下整体的效果。做整体和局部的调整时使用的这些工具，无论是渐变的平行线还是径向的圆圈，都会对观看者的视线和照片的观感产生一定的干扰，因此需要看一下整体效果，检查有没有问题。

　　在这里存在一个问题，刚才在降低墙壁亮度时，这个径向滤镜的作用效果影响到了窗户，所以要再次选择径向滤镜，单击激活该径向滤镜，把"高光"调高一点，或者把径向滤镜的范围再缩小一点，减少对窗户的影响。

调整后的参数及效果如下图所示。

窗户上还存在一点瑕疵，需要处理掉。

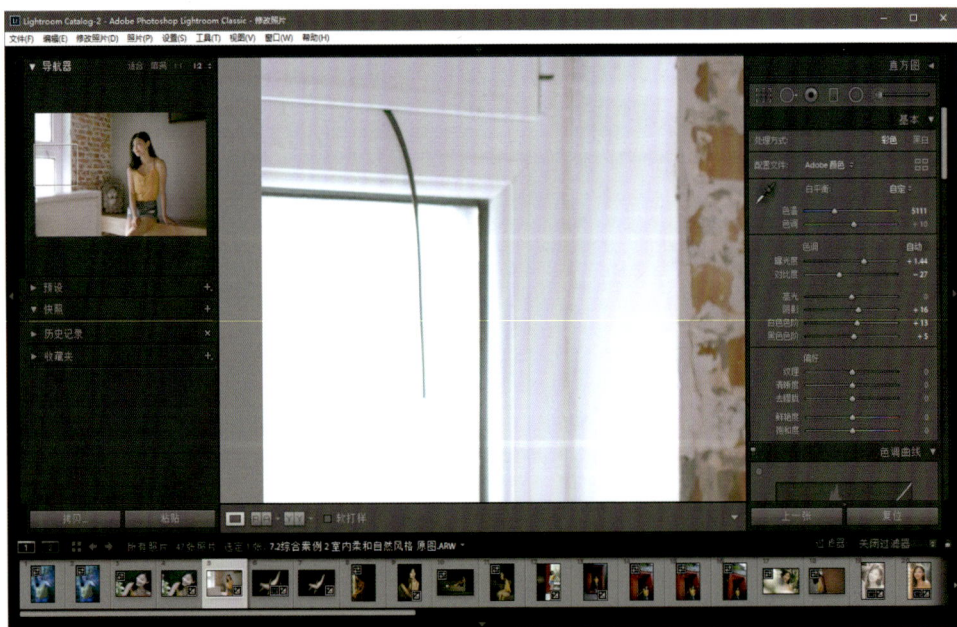

使用污点去除工具去除窗户上的瑕疵。

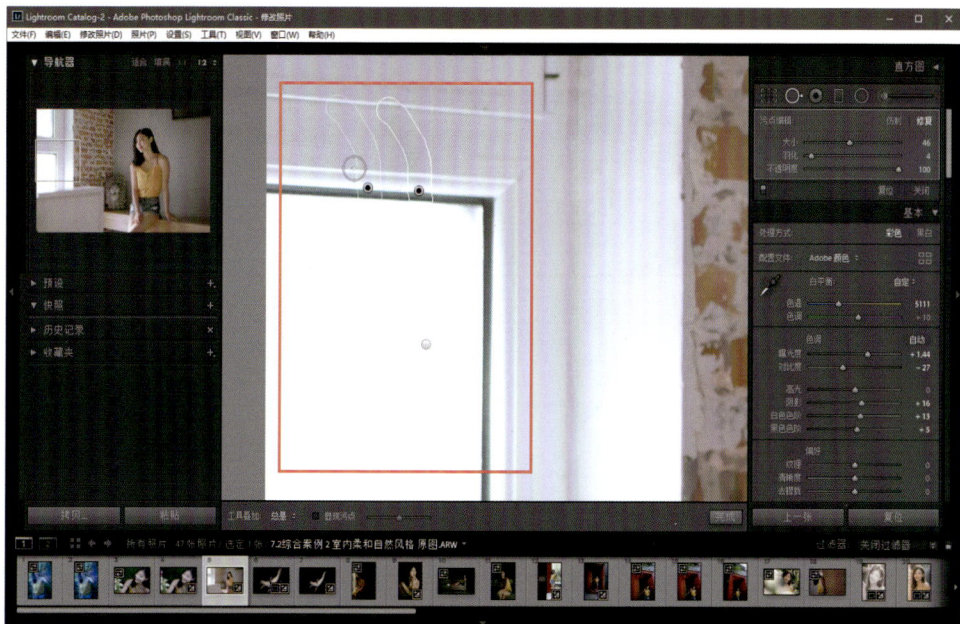

打开直方图，看一下整体的效果，窗户位置的高光过曝是可以接受的。再对整个画面进行细微的调整。

　　这里还可考虑使用白平衡工具。借助白平衡工具除了对图像进行白平衡或者色温方面的校准外，还可以进行整体颜色的调整。如果希望图像偏绿一点，可以往左拖动"色调"滑块；如果希望图像偏洋红一点，可以往右拖动"色调"滑块。对于这张照片，可以把"色调"滑块往绿调方向拖动一点。

再检查画面的细节，画面中还是存在一些噪点。对于皮肤上的瑕疵，可以用污点去除工具去除。

再调一下噪点，"数量""大小"和"粗糙度"都调高一些。

需要不断地放大和缩小照片来检查整体和局部的效果，判断是否还需要进行微调，以达到理想的效果。

对比修改前后的效果，如下图所示。

　　有一个知识点在这里需要额外提及一下，即关于本节处理的照片为什么需要添加噪点的问题。因为本节的原始照片的画面是比较暗的，曝光度稍微欠缺了一些，需要在后期将整体画面调整得比较明亮轻快，而在处理过程中必然涉及曝光度的调整。尤其是提升了暗部的曝光度之后，画面中会产生一定的噪点，而提升比较明亮的部分的曝光度，画面中不会产生过多的噪点，这样就使得噪点分布不均匀，从而导致整体画面在画质上的损失。所以在这样的情况下，人为地添加一些噪点，相当于在原来的画面中添加了更为均匀的噪点，最终可以提升整体画面的观感。

7.4 清新人像风格（上）

清新自然风格的人像在人像摄影领域是非常经典的、经久不衰的风格。本节将通过案例，介绍在 Lightroom 中如何处理清新自然风格的人像照片。

本节要处理的人像照片如下图所示。

这张照片的白平衡没有太大问题，可以微调一下让整个画面偏蓝且更干净一点。整体的曝光度也没有太大问题，可以稍微调高"曝光度"，调低"对比度"。因为人物的头发显得比较黑，而这张照片追求的是清新自然的风格，所以需要考虑把"阴影"调高一点。调高"黑色色阶"，让整个画面变得更加柔和，相应地，就需要把"阴影"调低一点了，只用"黑色色阶"来增加画面的柔和效果。整体画面有虚化的效果，所以暂时不需要调节"去朦胧"。

打开"色调曲线"面板，调低"高光"，稍微调高"亮色调""暗色调"和"阴影"，这样画面的对比度会变弱，画面越来越接近清新自然的效果。

因为主体的颜色偏绿并带一些黄，人物的肤色主要是暖色调的橙色并带一点黄色，衣服也是黄色的，所以图像的整体风格比较统一。稍微调低黄色的饱和度，减小对整体画面的冲击力，相应地也需要调低一些黄色的明亮度。其他颜色没有太大问题，暂时不用调整。

打开"分离色调"面板。这张照片会更倾向于处理成更清冷、更清新的风格，包括之前做的一系列调整白平衡和去黄的操作也是出于这个目的，所以在高光的部分将"色相"调整到偏冷调一点、青蓝一点，再提高一些"饱和度"。这时候高光部分过多，需要调整"平衡"使其偏阴影。这些高光上色操作的作用区域更多地集中在图像的高光区域，不会影响到画面的中间调区域。再调节一下"平衡"滑块，微调到合适的位置。阴影部分没有受到着色的影响，所以这些地方大部分还保留着原来的颜色。

细节不做处理。因为这张照片拍摄场景的光线非常充足，拍摄时的感光度 ISO 参数也比较低，画面中不会有特别明显的噪点，所以不需要进行去噪处理。同时照片的锐度也满足要求，没有必要特意进行锐化处理。

打开"镜头校正"面板，习惯性勾选"删除色差"和"启动配置文件校正"选项。在手动镜头校正中，用前面讲过的方法与技巧，提高扭曲度，让人物显得更瘦。由于背景是虚化的，也没有特别多的线条，即使将扭曲度拉到最大，裁剪后的画面也不会有特别明显的扭曲感，所以可以适当地多提高一些扭曲度，最后勾选"锁定裁剪"选项。

7.5　清新人像风格（下）

原照片中没有明显的暗角和几何畸变，没有必要进行太多的变换调整，所以暂时不做处理。

打开"效果"面板。一般都是为照片添加暗角，但是这张人像照片的格调比较清新自然、清亮柔和、梦幻，所以需要做反向的操作，为照片添加亮角。对比之下，整个画面的朦胧感得到了增强。

这张照片是在逆光的场景下拍摄的，如之前的案例中的操作，添加径向滤镜，降低"去朦胧"的值，提高"曝光度"的值，营造光晕的效果，提升整个画面的柔和感。

观看直方图，检查画面高光部分的过度曝光情况。看一下高光剪裁的位置，人物的面部以及一些重点区域没有高光剪裁，这是可以接受的。

　　看一下整体效果，可发现画面中有一些小瑕疵，在画面的左下方有一个小光斑，略显突兀，要把它去除，其他位置的突兀的光斑也要去除。

　　有些光斑能够形成线条状的平行感觉，可不去除，但是有些突兀的光斑出现在画面的边缘，而整体的画面边缘都比较干净，所以要考虑去除这些突兀的光斑。人物面部的瑕疵也需要去除。使用的工具还是常用的污点去除工具。

最后检查整体的效果，调整一下"曝光度"等基本参数。

发现头发部分存在一些紫边。

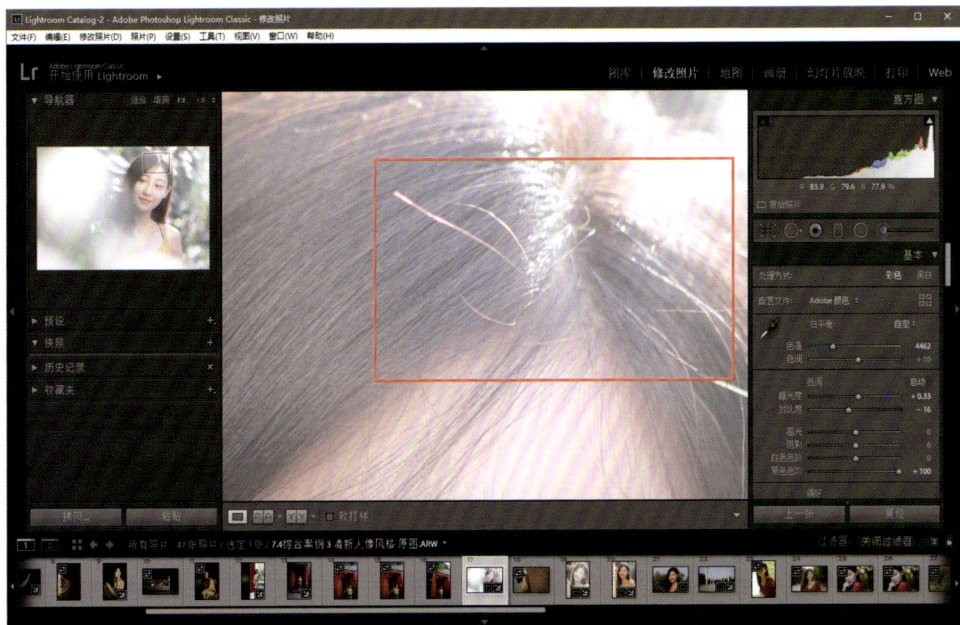

使用去边工具去除紫边。

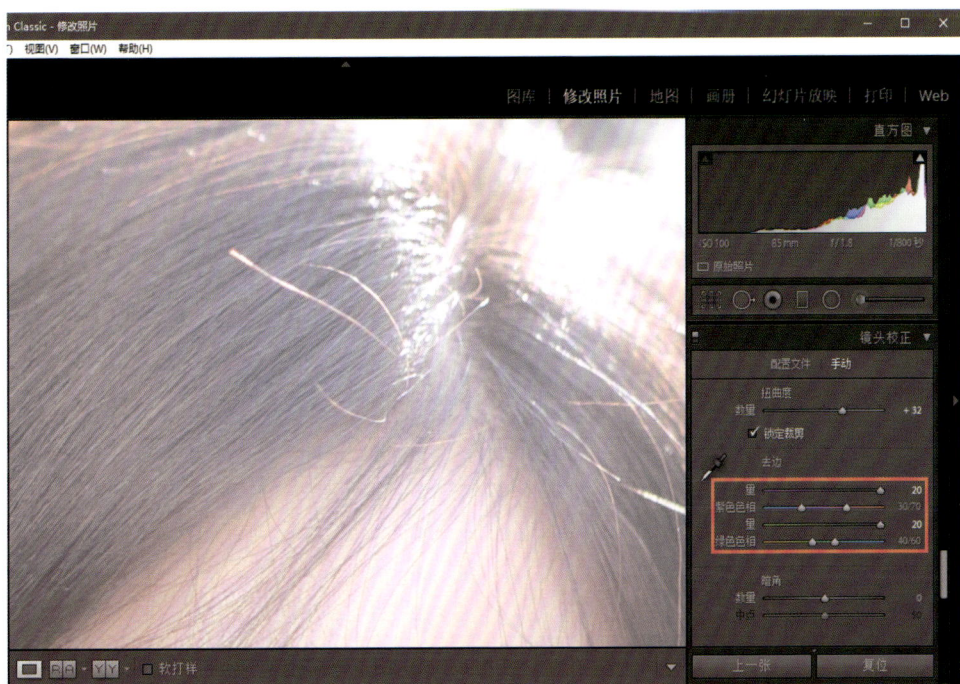

之前的案例中，每张照片都适当地添加了一些噪点颗粒，但是这张照片不需要添加噪点颗粒，因为整体画面比较清新、比较明亮，不适合添加噪点颗粒。

照片修改前后的对比如下图所示。

本节案例介绍到此。在处理照片的时候反复使用的都是 Lightroom 中一些主要的模块工具，无论是整体还是局部的调整都是如此。本案例与之前案例不一样的地方是本案例没有添加暗角，而是采用了加亮角的技巧。不要机械地认为每一张照片都一定要添加暗角，该压暗的画面要压暗，该提亮的画面要提亮。但这些调整都不是绝对的，一定要根据每一张照片的具体情况和自己对这张照片的判断，以及这张照片适合什么样的效果，有的放矢地调整。

了解规则是为了更合理地利用规则和打破规则，把照片处理成最理想的作品，这才是学习 Lightroom、前期拍摄和后期软件处理的最核心的思想。

7.6 鲜亮色调风格（上）

在日常的拍摄过程中，如果一张照片是在相对比较大的阴影区域中拍摄的，那拍摄出来的照片的亮度层次往往会差一些，显得比较沉闷。本节将介绍在 Lightroom 中如何通过后期的操作来修正一张略微沉闷的照片，使其色调变得鲜亮，对比更加突出，使照片看起来更加有活力、有动感，以及让人物的肤色显得更健康。

首先在 Lightroom 中打开要处理的照片，对照片进行镜头校正，勾选"删除色差"和"启动配置文件校正"选项。

再回到"基本"面板，白平衡可以调得稍微偏蓝一些，再调高"曝光度"，让画面更亮一些。调高"对比度"和"阴影"。"阴影"调高太多是初学者经常犯的一个错误。如果将"阴影"调高太多，会暴露出过多的细节，破坏画面的整体效果，所以一定要把握调节的"度"。"黑色色阶"调高一点，提高头发部位的细节。注意，有细节但画面仍较干净是一个重要的标准。

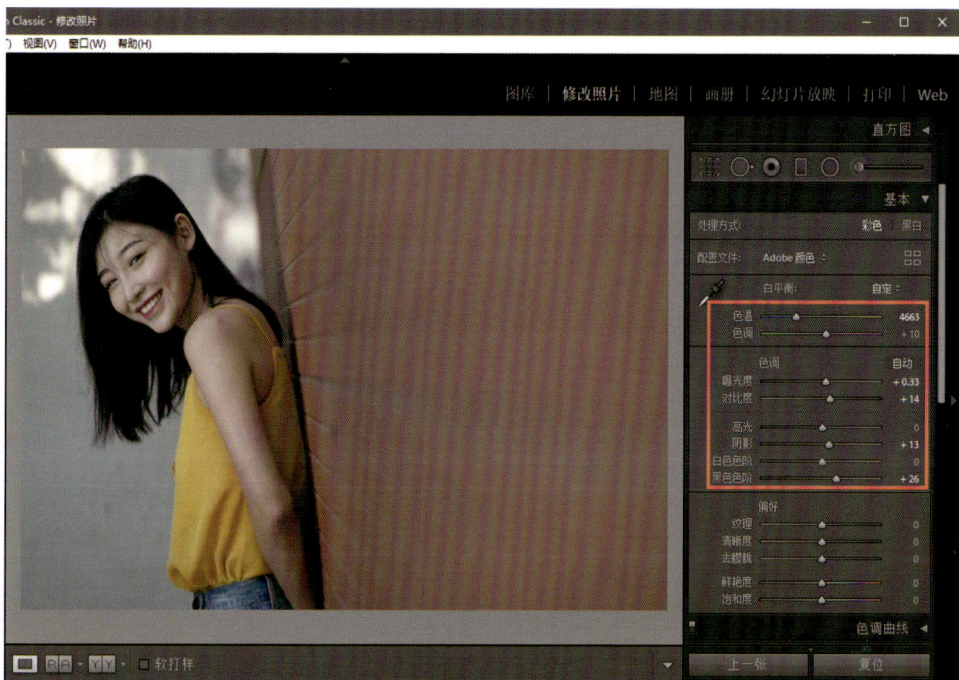

打开"色调曲线"面板调整一下亮度。"高光"稍微调高一些，"亮色调"稍微调高一些，"暗色调"也调高一些，使整个图像更清亮。再稍微调低"阴影"，这样对比会更强。

画面中主要的颜色色调偏暖，红色的墙壁，黄色的衣服，橙色的皮肤，背景位置的颜色更接近中性，高光部分的颜色稍微偏黄。在这里将调节这些颜色，让它们更和谐。画面中唯一有一点突兀的是人物的短裤，但它占的面积非常小，所以可以简单地通过降低蓝色的饱和度来处理。衣服的黄色稍微深了一点，所以也需要降低黄色的饱和度。这样画面中的整体颜色都不至于特别突出。

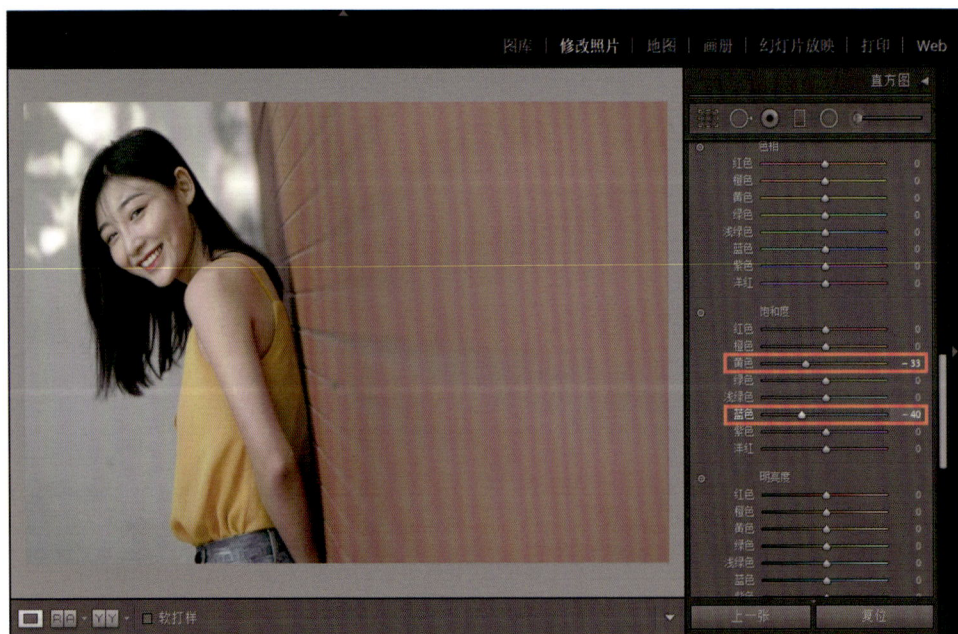

再降低黄色和蓝色的明亮度。

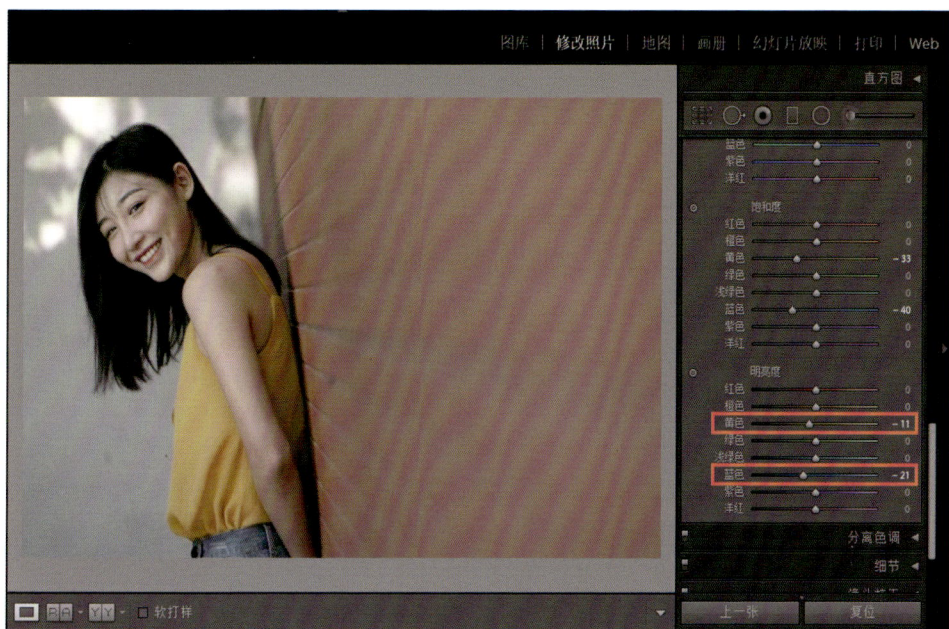

因为后期还要通过分离色调对画面进行着色，所以在调整画面 HSL 时要让所有的颜色和谐一些，这样在着色时整体画面就会更和谐。

进行分离色调处理。对于这张照片，考虑将高光的部分调得偏暖一点。这张照片的阴影部分不是特别多，适当地添加蓝青色的冷调，与高光的暖调形成对比。再调整"平衡"，使其往高光偏一些，这样主体的暖色在画面中就占据了上风。添加一点阴影的"饱和度"，但是不要影响到画面整体的暖调。

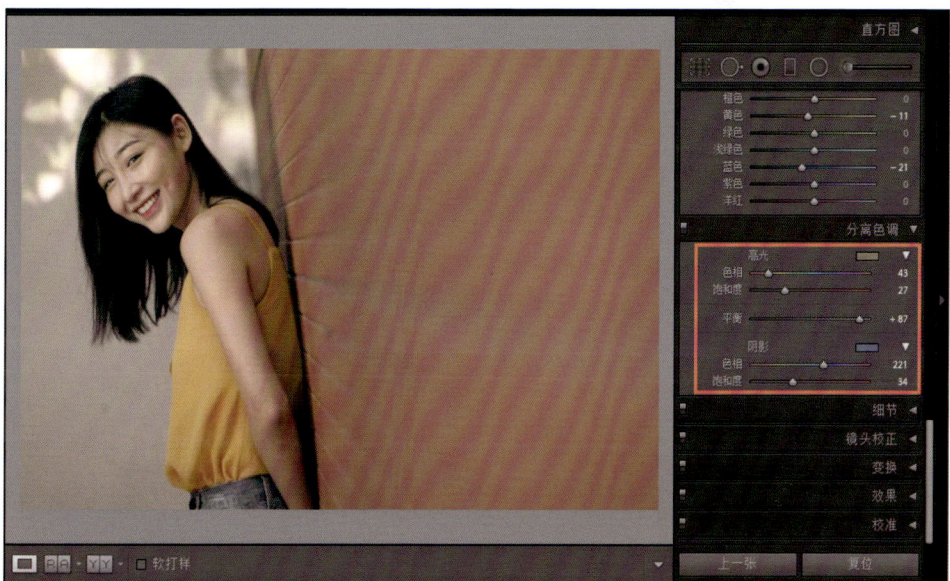

现在，人物皮肤的颜色的观感更好了。

因为在调整基本参数时，提升了画面的整体亮度，所以画面中会产生一些噪点，需要消除画面中的噪点。仔细看一下暗部细节，再提升一下细节。

因为基本上看不到颜色的噪点，所以颜色去噪时将"颜色"的值设置为默认的25就可以了。

在最开始已经进行了镜头校正调整，此时再手动调整一下。因为人物的背景中有线条，如果大幅调整扭曲度，人物和线条都会产生较大的变形，会显得很别扭，所以不需要调整扭曲度。

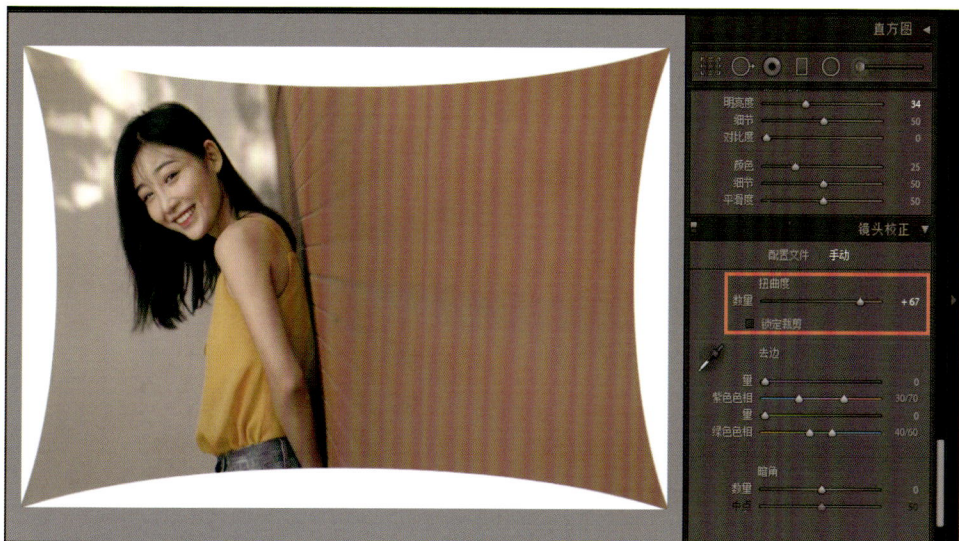

因为前期拍摄画面就有一种倾斜的感觉，所以没有必要通过变换把画面校准得很直，不然就失去了画面的动感。

可以将"长宽比"调大一些，这样人物会显得更加修长。最后勾选"锁定裁剪"选项，将两边去掉。

后续处理的思路是添加暗角处理后，再施加径向滤镜对局部的明暗做一些调整，如先整体添加一些暗角，再局部加亮人物主体。处理后，画面的明暗分布更加平均。

7.7　鲜亮色调风格（下）

画面右半部分都是红色的墙壁，为了突出人物，现在的思路是把墙壁适当地压暗一点，人物左侧的一小部分地方也压暗一点。对墙壁做渐变处理，将"曝光度""对比度"调低，调高"阴影"，渐变滤镜画笔从右上往左下拉。

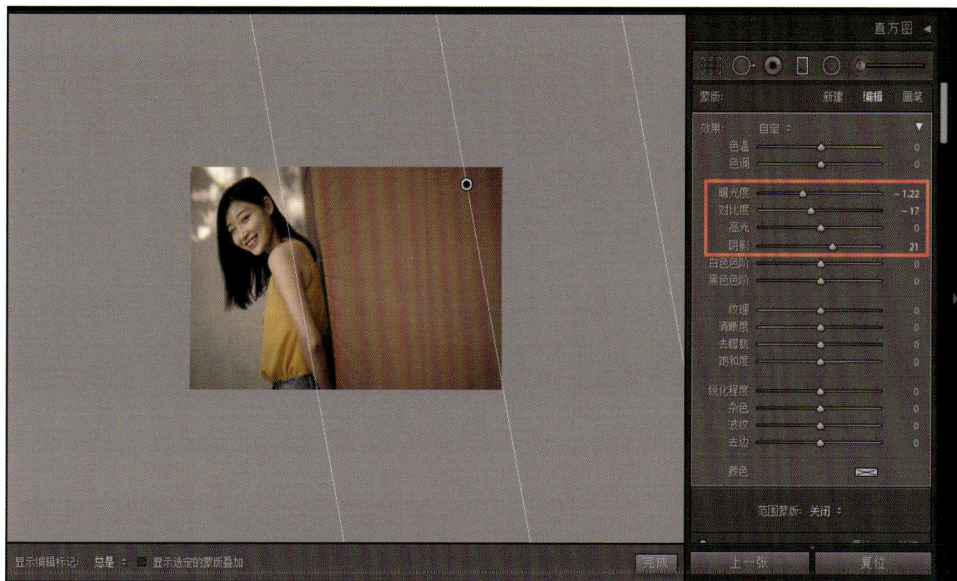

在这里改变渐变的"色温"和"色调"，"色温"调成偏黄，"色调"调成洋红，这样画面色调就偏红。

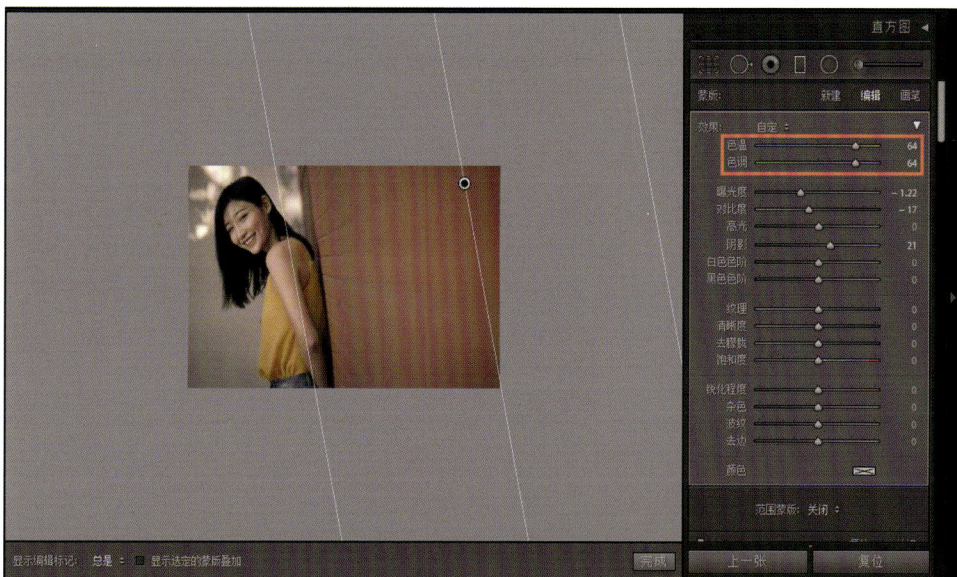

可以看到墙壁不仅被压暗了，同时颜色也得到了增强。

再新建一个渐变，稍微调低"曝光度""对比度"和"阴影"，画笔从画面的左下方往右上方拉。

对比添加渐变滤镜前后的效果。

添加渐变滤镜前的效果如下图所示。

添加渐变滤镜后的效果如下图所示。

添加两个渐变滤镜后，画面的两边被进一步压暗，并且画面右侧的墙壁颜色得到了增强。

通过添加径向滤镜，增加人物的亮度。增加一点"曝光度"和"对比度"，因为这里没有小清新和逆光的风格，所以不需要调低"去朦胧"。这里只是单纯地加亮人物，以突出人物主体。

　　复制这个径向滤镜，稍微移动一点，使其位置与原来的径向滤镜的位置有所不同，取消勾选"反相"选项。新的径向滤镜的作用效果是从四周到中间的渐变，所以人物的亮度也提高了，因此要调低新径向的"曝光度""对比度"，调高"阴影"。这样可营造出比较均匀的、向人物汇聚的明暗渐变效果。

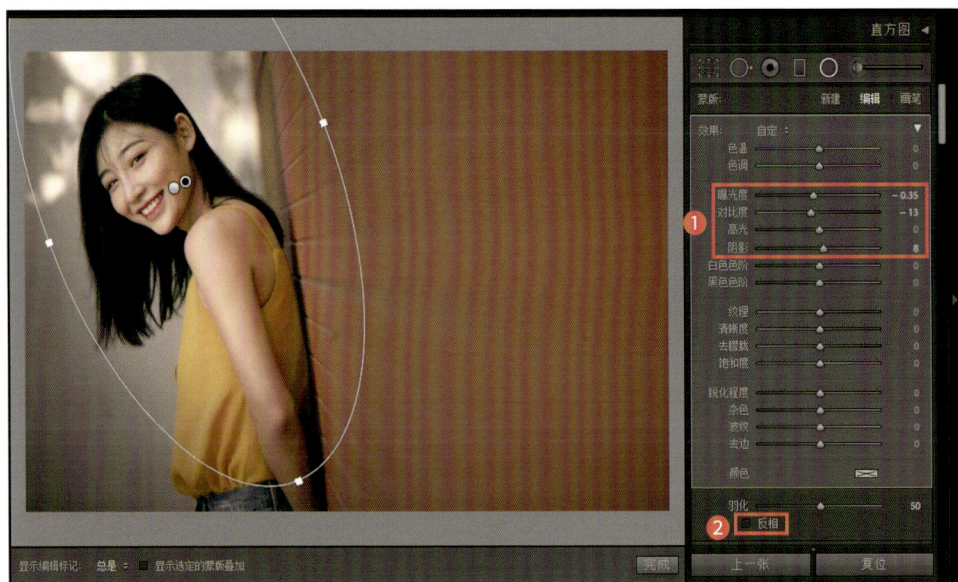

　　添加径向滤镜之前的效果如下图所示。

添加径向滤镜之后的效果如下图所示。

　　可以发现对两个相近位置进行径向处理后，视线会更加集中在人物主体的身上。另外不要刻意压暗画面，有时候会适得其反，使画面变得比较沉闷。人物周围稍微有一点变暗，人物主体就会变亮很多，这样观感也会更好一些。

　　从整体上观看画面的效果，在观看时也可以将画布的颜色变为白色、黑色或者浅灰色，在不同的背景色下观察整体画面。

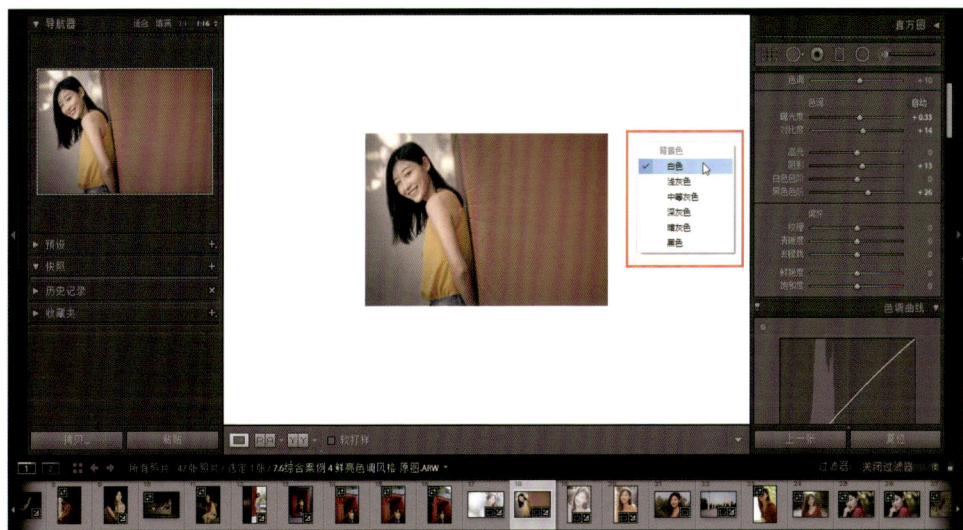

再看直方图，看一下有没有需要裁切的白色画布。在这些基础上，再看一下整体画面还需不需要调整，如调整曝光度和高光。注意，在调整曝光时应避免裁切掉画面高光部分，还需要检查画面整体是否协调。

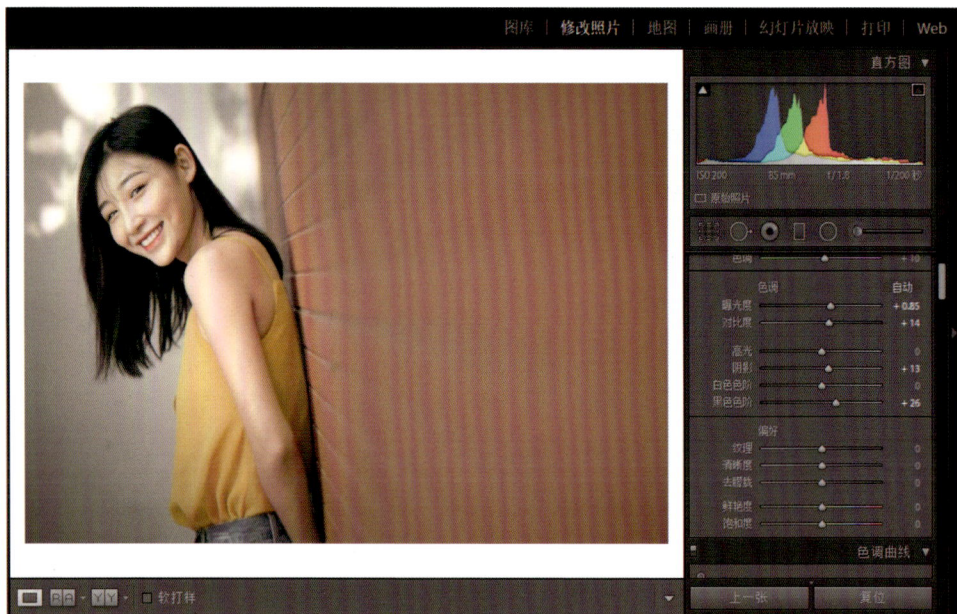

在这里调高了"曝光度"，虽然细节部分还在，但是从整体画面上看，人物的亮度太高，所以"曝光度"还需要回调，"高光"再调低一点。

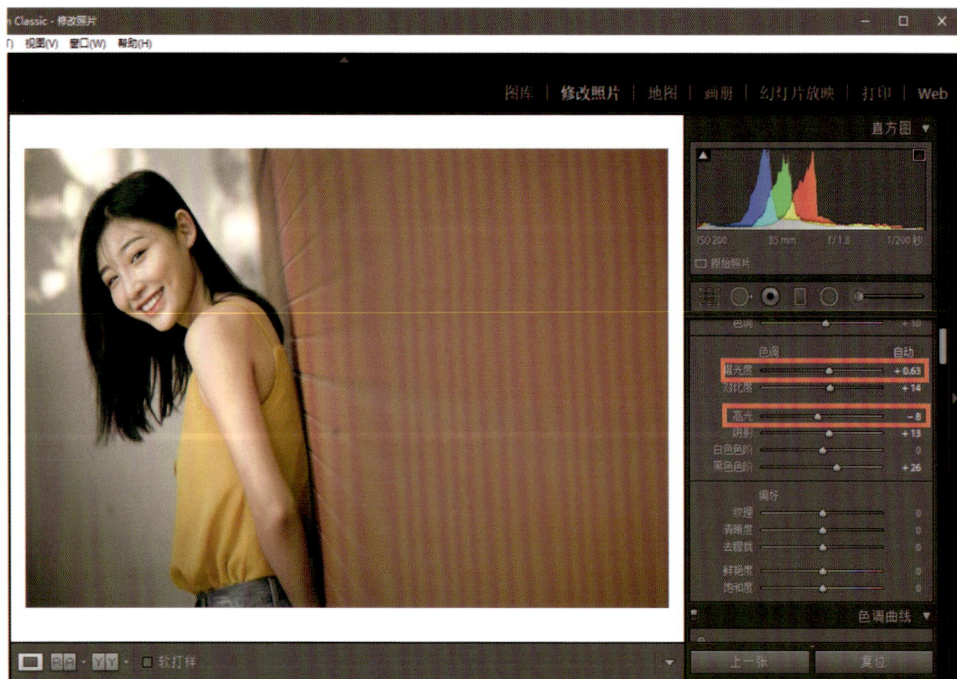

　　放大图像发现人物的皮肤还存在一些斑点，要去除这些斑点还得使用污点去除工具，在这里就不做具体演示了。

　　照片修改前后的效果对比如下图所示。

　　在这里介绍一下这张照片从前期拍摄到后期修图的完整思路。回想一下，这张照片之所以可以在Lightroom中做调色处理，是因为在前期拍摄这张照片时，环境光线比较柔和。

　　这张照片是在光线相对比较少的环境中拍摄的，整个画面中人物为主体。墙壁比较平、颜色比较柔和，只是有一些阳光透过树枝照射到墙面上形成的斑驳光影，如果没有这些光影，那画面会显得比较平，亮度上的色阶对比也不够，所以需要在后期通过调节曝光度、对比度等一系列参数，把画面的亮度和对比提升上来。

　　整个画面的颜色：人物的肤色主要由橙色构成，包括一定的黄色和红色，背景的墙壁主要由红色构成，衣服主要由黄色构成，人物身后有光影的墙面主要以白色为主，在没有阳光直射的情况下还是显示为中性色，只有人物的裤子部分带一点冷色，所以可以很容易通过调节"HSL/颜色"面板中的参数来统一画面的颜色。颜色统一之后再调整画面的亮度、曝光度以及对比度等。接着利用分离色调工具对整体画面进行着色，高光偏暖，暗调偏冷，着色完成之后整个画面的观感会更佳。

　　在先前的处理中已经把明度、对比度以及色调和颜色调整好了，而这就是处理一张照片从前期到后期的整体思路。剩下的局部调整，包括运用渐变、径向滤镜，把需要突出的主体加亮，把不需要突出的位置等其他画面周边的位置压暗，这是一种比较常规的操作，可以很容易地使观看者的视线在画面中游移，并将观看者的视线引导到主体上。

7.8 逆光暖调风格（上）

本节的案例照片是在森林公园中拍摄的，当时的场景中有太阳光。虽然太阳光已经不是特别强烈了，但摄影师还是让模特配合完成了这张照片的拍摄。这样做的原因是想在后期利用 Lightroom 中的各种工具把这张照片的风格处理成非常受人喜欢的、夕阳暖暖的风格。

本节将介绍如何在 Lightroom 中综合利用各种工具把夕阳暖暖的效果呈现出来。

打开 Lightroom 导入照片。

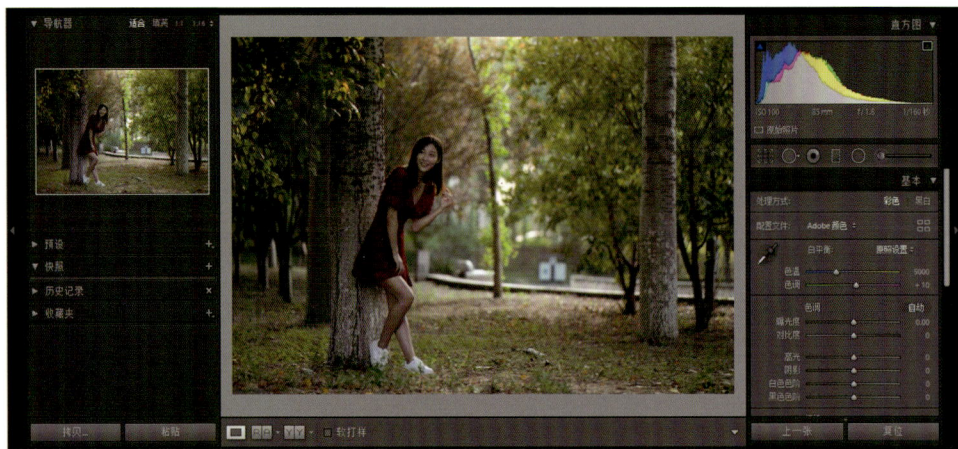

因为这张照片的基调定为夕阳暖暖，所以先调高"色温"，再调高"曝光度"，让整体画面变亮一些。"对比度"也调高一些，"高光"降低一些，"阴影"调高一点，"白色色阶"调高，"黑色色阶"调低，让画面的对比更强一些。"纹理""清晰度"和"去朦胧"暂时不做调整。

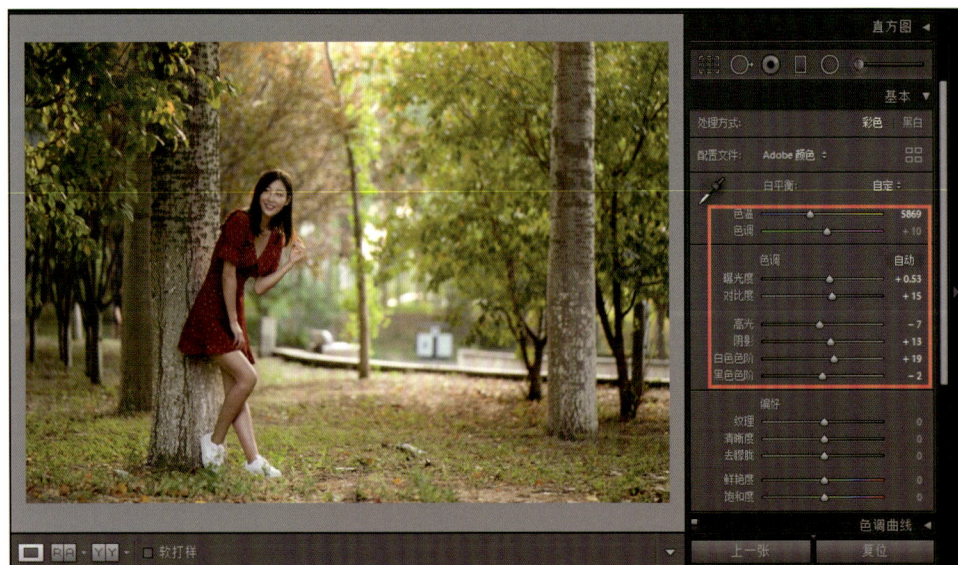

将"色调曲线"面板中的"亮色调"和"暗色调"调高一些,使画面更加鲜亮,"阴影"调低一点。

接下来是"HSL/颜色"面板中的调整,协调画面的色彩。整个画面中树叶的主要颜色是绿色、黄色,可以尝试将绿色和黄色的饱和度调至最低,让画面色彩更干净,不会分散对主体的注意力。用这样的方法观察画面中具体部分的颜色构成。

为了让颜色更加统一，可以把绿色色相往黄色调一些，如果把绿色色相完全调到黄色，则画面中所有绿色叶子都变黄了，这样的效果太夸张了，所以只要调得偏黄一点就可以。同时黄色色相也稍微往橙色偏一点，如果偏得比较多的话，就会呈现出秋天的色调，但这张照片不需要这样的效果，黄色偏橙色一点就可以了。树叶的黄色和绿色的饱和度适当地增强一点。

而调节红色主要会影响人物的裙子颜色以及肤色，特别是嘴唇部分，可以稍微增加一点红色的饱和度。调节橙色的饱和度，提亮人物的肤色和后面的树叶。稍微提高一点橙色的明亮度，让人物的肤色亮一点。稍微提高黄色的明亮度，之前的案例中更多的是降低黄色的饱和度，这是因为人物的上衣是黄色的，需要降低它的影响。在这张照片中，背景的树叶呈黄色是由于太阳光的逆光照射，所以加强黄色的明亮度可以让透光的效果更加突出，如果黄色的明亮度不足，画面会显得比较沉闷。

　　调节蓝色主要会影响远处的垃圾桶的颜色，所以把蓝色的饱和度降到最低就可以了，而蓝色的明亮度可以稍微地提升一点，因为降低垃圾桶的颜色会使垃圾桶显得沉闷而且会突兀。

　　经过刚才的处理，整个画面的颜色统一为了偏暖的色调，形成了温馨的效果。

　　同样，使用分离色调工具，与之前案例中运用的技巧类似，将高光部分的"色相"调得偏暖一些，"饱和度"调高一点。这样整个画面的效果就显现出来了，整个画面中高光部分的面积不少，所以调整了高光部分，整个画面都会着上暖色。

　　想让画面完全变为暖色调，在阴影部分也可以加暖色，但是这样做会减弱颜色的层次感，所以阴影部分的色调可以调得偏冷一点。

　　再调节"平衡"滑块，让画面更偏向高光一点，这样画面的高光暖调的效果会占据更大的面积，影响的范围也更大。添加了冷调之后的阴影部分局限在相对较小的画面范围内就可以了。如果反向调节"平衡"滑块，画面就会变冷。根据个人的喜好适当地调整阴影的饱和度，加强或减弱一些，但要注意把握调节的度。

按 <I> 键可以查看照片的信息。这张照片的感光度 ISO 是 100，所以画质没有太大问题，没有必要刻意地消除噪点。

打开"镜头校正"面板，勾选"删除色差""启用配置文件校正"选项。启用了配置文件校正后，软件会默认校正暗角，画面四周变亮，也没有太大问题。

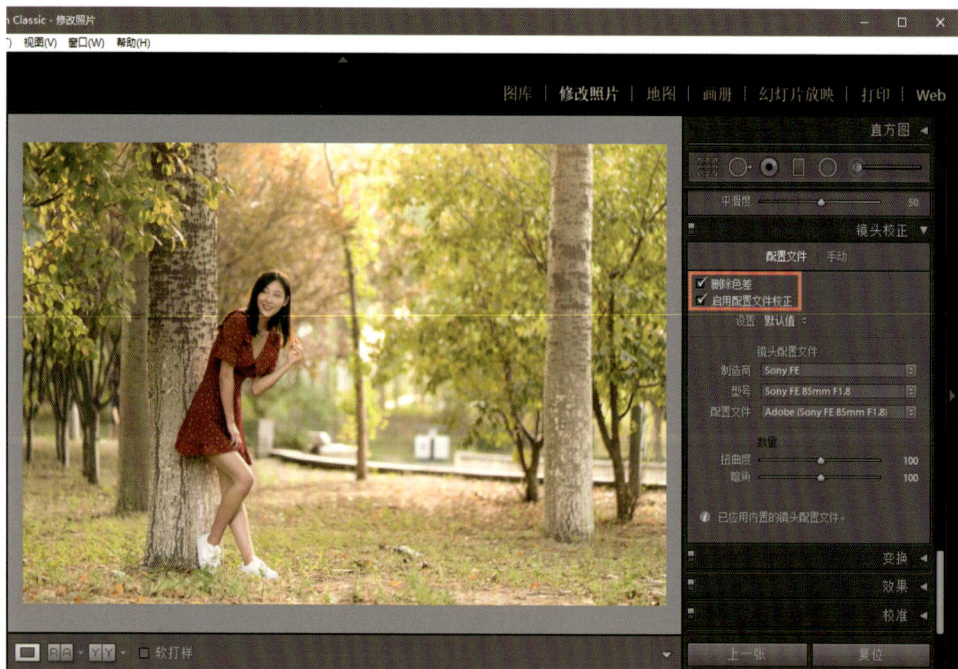

打开"变换"面板，使用"自动"选项，校准画面的水平。同样地，调大"长宽比"，让人物显得更修长。勾选"锁定裁剪"选项。

如果为了让视线更多地向人物集中，可以适当地添加一点暗角。刚才在镜头校正中已经自动地校正了镜头的暗角，所以这里只需要手动添加一点暗角就可以。虽然画面四角压暗之后，可以突出人物，但是如果手动添加的暗角太多，画面的效果与画面的基调就不搭配，这并不是这张照片想要呈现的效果。

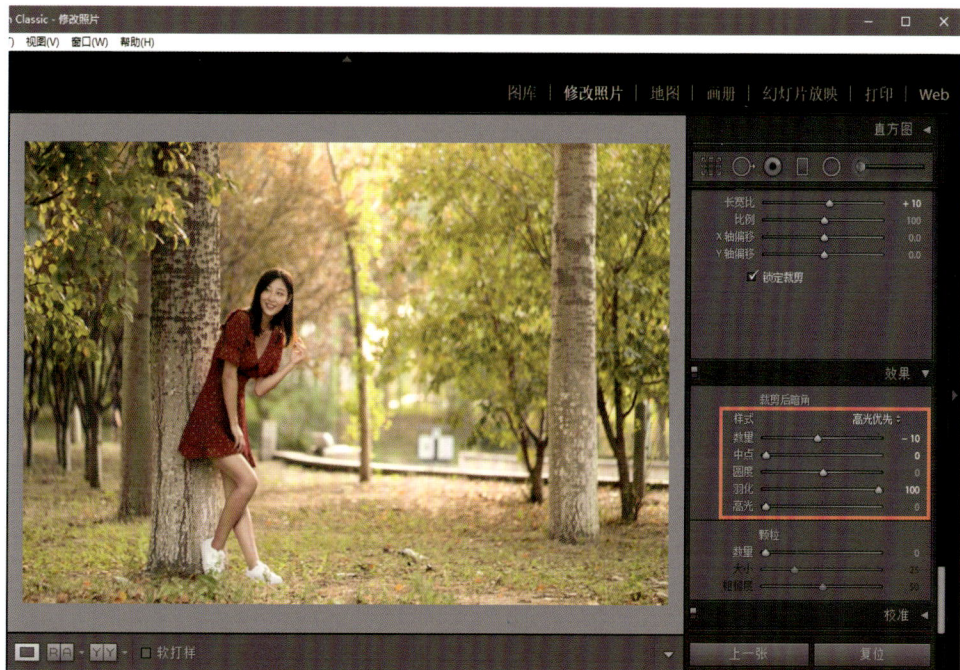

这张照片的效果较好，不用添加噪点颗粒。

下面介绍局部调整的思路。人物身后的太阳是画面主要的光源，之前用过这样的技巧，在逆光拍摄的照片中，可以在人物身后添加逆光的径向滤镜，突出太阳的光晕。调高"曝光度"，调低"去朦胧"，形成光线通透的效果，且透亮的效果更强一些。降低"去朦胧"提升了径向滤镜的亮度，所以"曝光度"需要再次修正。

再修改径向滤镜的"色温""色调"，营造出逆光场景下夕阳暖暖的格调。"色温"调得偏黄，"色调"调得偏洋红，两者组合就形成了橙色。

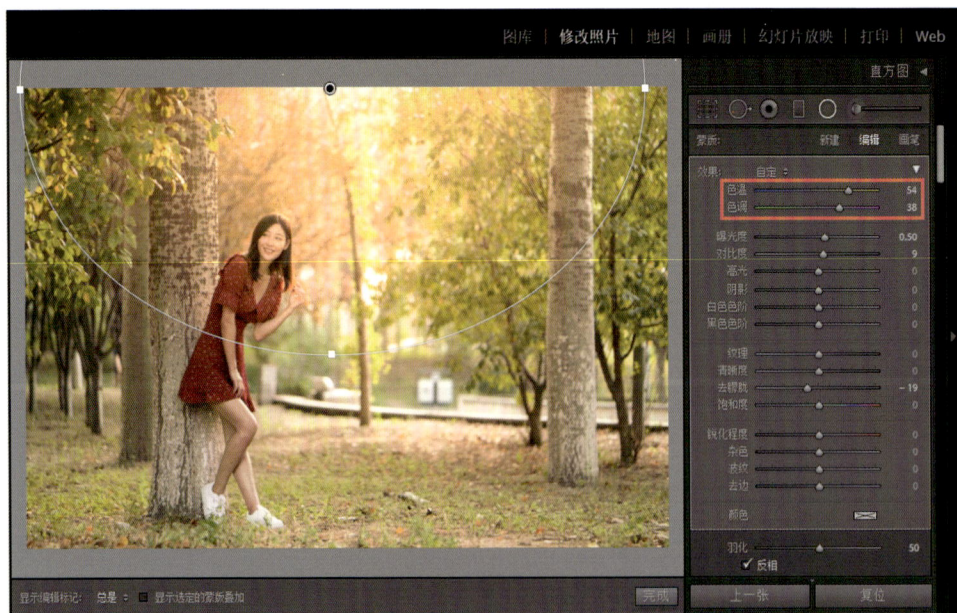

7.9　逆光暖调风格（下）

接下来选择渐变工具，把地面稍微压暗。如果地面比较亮，画面就显得不是特别沉稳。一般按照视觉习惯，天空亮一点，地面暗一点。所以从下往上拉渐变，让地面的位置更加稳一点。降低一点"曝光度""对比度"，提高一点"阴影"，再压暗画面的底部边缘就可以了。

在人物脸部添加径向滤镜，此时径向滤镜的参数为之前调整的参数，需要进行改变和调整。

稍微调高"曝光度"，如果亮度太高，在1:1画面观看时人物的脸部会显得特别亮，特别突出，所以只要提升一点点的曝光，稍微调高"对比度"即可。"阴影"适当地调高一点。

处理人物脸部有几种思路。如果想要脸部更清晰一点，可以适当地调高"清晰度"，但不能增加太多，这不是处理女性面部的一种思路，适当增加使得人物脸部更加清晰即可。同样可以稍微调低"纹理"，减弱纹理会让脸部的皮肤更加平滑，但需要把握度。

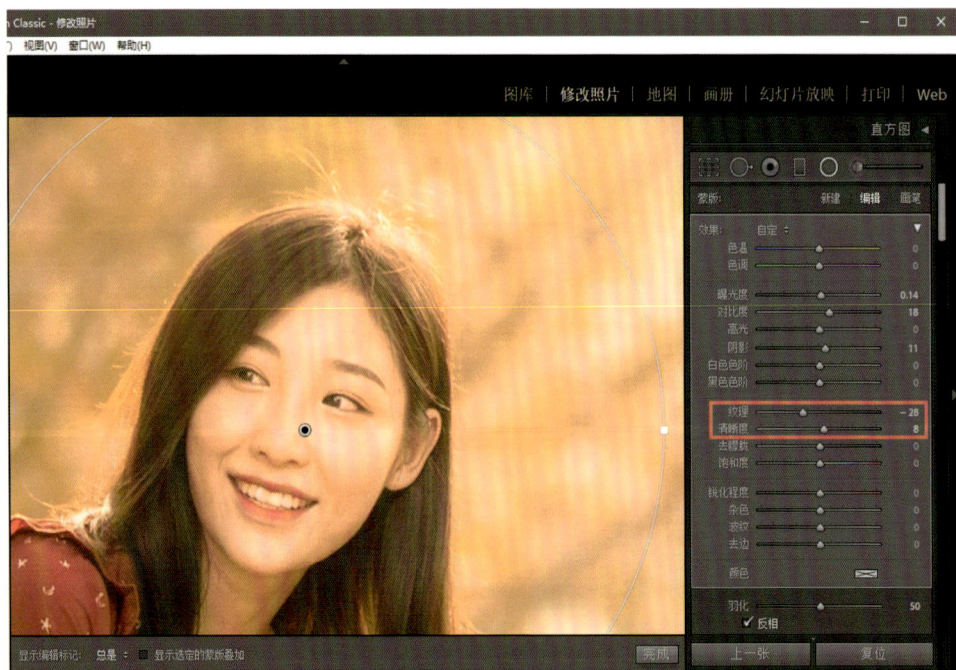

縮小画面，观察整体的画面效果，可以明显地看出效果发生较大变化。

使用画笔工具继续做局部调整。刚才已经使用径向滤镜工具在画面后方太阳光照射的位置做出了光感效果。想要进一步虚化树叶，突出树叶的朦胧感，可以使用画笔涂抹画面的不同区域，降低"纹理"，这样就留出了更大的控制空间。

涂抹后可以看到远处树木近似焦外虚化的效果更强了，创造出了更强的空间感，虚实之间的对比能让人在二维空间中感受到三维空间的对比效果。这种效果的添加也是根据个人的喜好而定的。

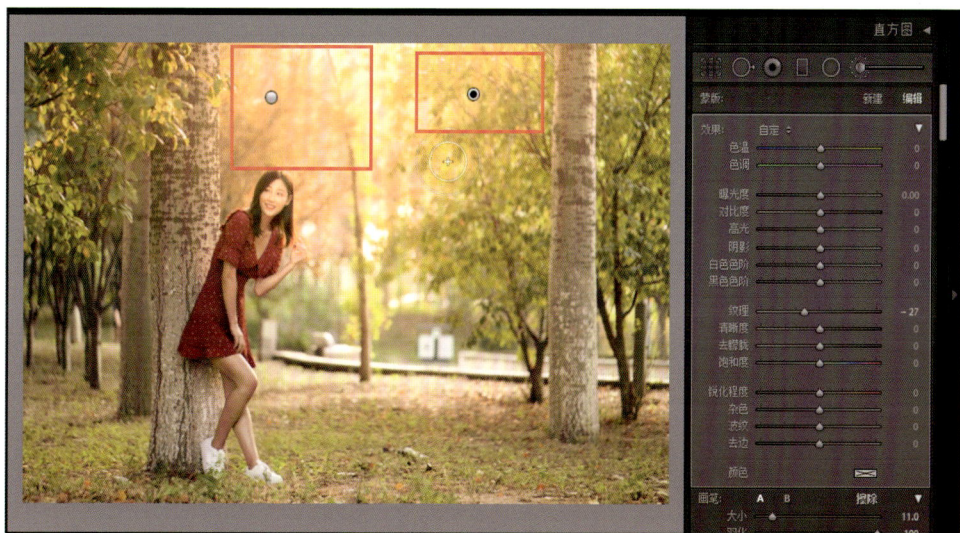

刚才是虚实之间的对比，现在人为地创造明暗之间的对比，整个画面中有一些受太阳光照射的高光部分。提高一点"曝光度""对比度"，用画笔在高光部分刷一刷，使之变得更亮。

再新建画笔，压暗画面阴影部分的亮度，包括背光的树干、树叶、树底、树荫等部分。

　　利用画笔工具，让明亮的部分变得更亮，阴影的部分变得更暗，形成明暗的对比，进一步增强画面的空间感。

　　再次新建画笔，进一步对人物的衣服进行细微调整，增加衣服颜色的对比度，突出衣服鲜艳的颜色。

　　这样，整体和局部的调整就已经完成了。再回到正常大小的视图看整体画面是否还存在其他问题，再做进一步的调整。

　　调整前后的画面效果对比如下图所示。

在画面中存在的一些瑕疵，如远处的垃圾桶和树背后的人影，应该处理掉。处理这些复杂的瑕疵可以尝试用污点去除工具去除，但在日常摄影以及后期处理的过程中，使用 Photoshop 处理的效果更好，操作也比较简单。

现在简单介绍一下，如何把照片从 Lightroom 导入 Photoshop 中。右击素材栏中的照片，选择"在应用程序中编辑"中的"在 Adobe Photoshop 2020 中编辑"的选项。Lightroom 和 Photoshop 都是 Adobe 的软件，所以两个软件之间是互通的，通过这样的方法可以直接把 Lightroom 中的照片导入 Photoshop 并打开，进行进一步处理。

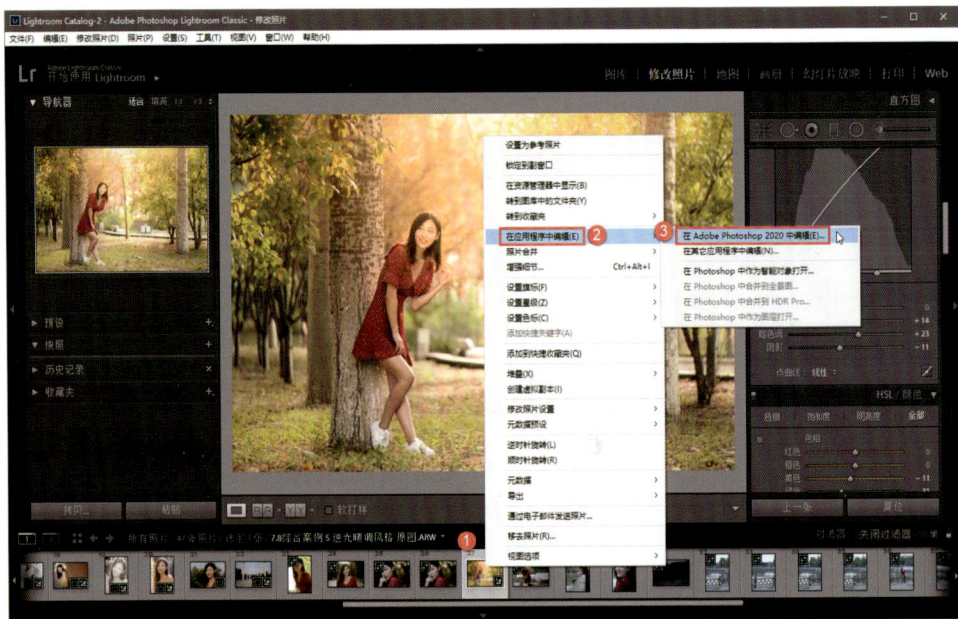

除了这一种方法之外，也可以使用之前讲过的方法，把这张照片导出成 JPG 文件或是 TIFF 文件，再导入 Photoshop 中处理。